把季節的拜訪做個記錄吧

（每年都要寫下來哦）

櫻花從哪一天開始綻放？

哪一天開始看到白粉蝶？

春

哪一天開始看到燕子的身影？

蟾蜍從哪一天開始鳴叫？

夏 鳴鳴蟬從哪一天開始鳴叫？

紫薇花從哪一天開始綻放？

秋 哪一天開始看到秋赤蜻？

哪一天開始看到菅芒花？

冬 哪一天開始看到斑鶇的身影？

八角金盤花從哪一天開始綻放？

測量大小的標準

（數字不是指體長，而是用來目測其他生物時的標準）

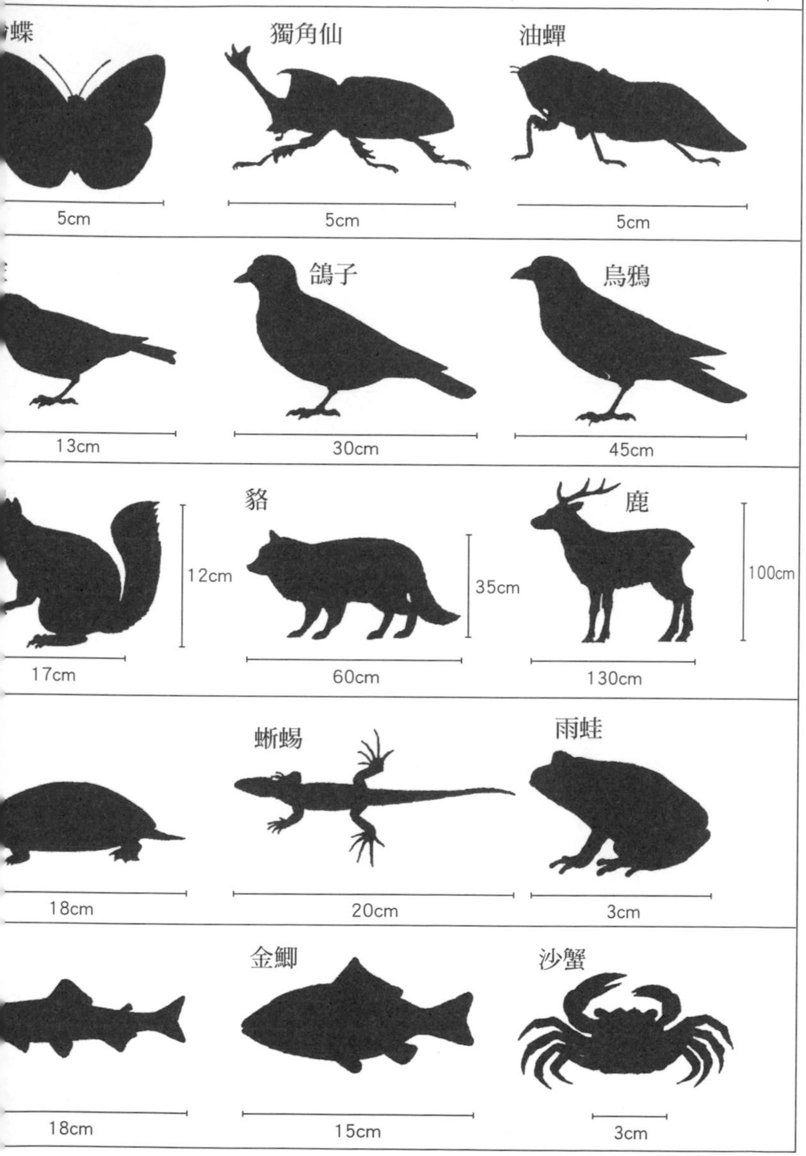
蝶
5cm
獨角仙
5cm
油蟬
5cm
13cm
鴿子
30cm
烏鴉
45cm
12cm
17cm
貉
35cm
60cm
鹿
100cm
130cm
18cm
蜥蜴
20cm
雨蛙
3cm
18cm
金鯽
15cm
沙蟹
3cm

自然圖鑑

走入大自然的

666 種 動植物觀察術

作者—里內藍
繪者—松岡達英

自然図鑑—
動物・植物を知るために

前言

在我們居住的地球上，有昆蟲、鳥類，以及各種各樣的生物。當我們到野外去，站在這離塵囂的地方時，最容易感受到這一點。鳥啼聲、蜥蝪身體穿梭草叢的聲音、樹葉飄落的聲音，甚至聽得見蝴蝶揮動翅膀的聲音，這些都會令我們感到驚奇。在這個時候，我們最能感受到自己真的是和這些生物生活在一起。同樣地，人類也絕對無法自外於自然界的生態系，而是與這些生物共同生存。

本書中，除了介紹昆蟲類的小動物，還包括鳥類、哺乳類、爬蟲類、兩棲類、魚類、貝類，甚至植物等，並且教你如何尋找與觀察牠們生活型態的方法。但是，本書中所舉出的例子，也只是其中的一部分。實際上，在自然界中，還有更複雜的、更富有魅力的劇情，隨時在各地上演著。希望這本書，可以作為你發掘自然時所使用的入門書。

了解生物的生活，除了這些知識本身很有趣之外，同時，還能懂得這些生物各自如何適應環境、又是如何相互共存的。而這些與我們人類該如何與生物共存，也是息息相關的。因為，了解自然，並非單純地只是增加知識而已，更最重要的是，同樣身為地球生物的一分子，當我們在觀察其他生物時，能否站在對方的立場上思考。而這種對待生物的方式，也能運用在人類彼此之間的交往上吧。

請你增加走出家門、到野外去的時間，仔細了解各種生物的生活吧。在你感受身邊大自然的同時，一定能夠體認到生活是多麼美好的一件事。

目錄

鳥　類

自然觀察之前

自然是一個生物體

攝取能量生存的植物與動物

所有的生物，都必須攝取能量以進行一切活動。產生這些能量的源頭，就是給予我們大量光芒的太陽。而能夠直接利用太陽光線的是植物，植物利用空氣中的二氧化碳，以及從土壤中吸收的水分，還有陽光，來進行光合作用、製造養分。食用這些植物以攝取能量的，是草食性動物。而吃了草食性動物便可以取得能量的，就是肉食性動物。至於人類，則是透過食用植物及動物來攝取能量，屬於雜食性動物。

豐富的大自然維持著生物的生命

我們用具體的例子，來了解這個流程吧。鷲或老鷹等猛禽類為了要生存，需要捕捉兔子、老鼠或小鳥等為食。因此，為了維持一隻猛禽的生存，需要大量的食物。而對兔子、老鼠、小鳥而言，昆蟲或植物便是牠們生存的必需品了，而這些的需求量當然又會更多。也就是說，為了維持一隻鷲或老鷹的生存，是必須要有廣大又豐富的森林。在河川中，也上演著同樣的事。一隻肉食性魚類為了要生存，必須以大量的小魚或青蛙等當作食物。而這些小魚或青蛙為了生存，也各自需要不同的生物作為食物，因此，就必須要有豐富而乾淨的河川。

能量不斷地循環著

到目前為止，鷲或老鷹這種生物一直都沒有天敵，可是，牠們畢竟還是會有死亡的一天。一旦死亡，牠們的屍體就會被埋葬蟲等昆蟲啃食，甚至被住在土地上的各種小動物或菌類食用、分解，最後回到土壤中。像這樣吃與被吃的自然關係，便是能量的一個龐大的流程與循環。

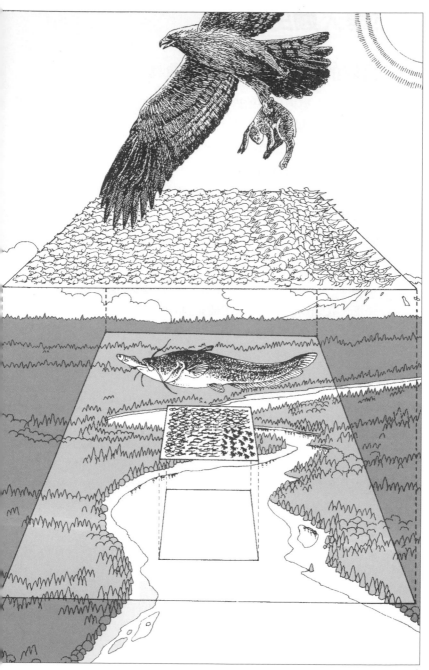

自然與人類的關係

自然的平衡已開始崩解

　　吃與被吃這種自然的關係，稱為食物鏈。食物鏈的形成，是建立在豐富的森林與河川的基礎上。因此，當這個基礎為了某些因素而導致毀損時，這些平衡便會遭受巨大的破壞。如果植物變少了，食用這些植物的小動物便會減少，而以這些小動物維生的動物，也會無法生存。在河川中也是一樣的。因食物減少而滅絕或瀕臨絕種的動物種類，會越來越多。

持續需求能量的人類

　　那麼，破壞基礎的又是誰呢？擁有這種破壞力量的，只有人類了。人類為了追求更加舒適的生活，對自然做了各種各樣的破壞。砍伐森林，開闢耕地，栽培農作物，把牛隻與雞當成家畜馴養。因為這麼做，可以確保食物來源的穩定，而這也成為人類求生存所展現的「智慧」。在以前，人類數量遠比今天稀少，還能夠與自然之間取得平衡。如今，全球人口激增，所需的食物及飲水的數量，就變得十分龐大了。此外，為了蓋房子、使用紙張，於是更進一步地砍伐森林，而為了享受更舒適的生活，也在工廠製造各種生活用品。然而，提供工廠運作所需的能量，勢必得從大自然取得。於是，不停地使用積存在大自然中幾千萬年的煤炭或石油等能源，並且大肆在河川上興建水壩，就算破壞了自然河川的樣貌，也要取得水力發電的能源。人類為了獲取能源，把身為循環基礎的大自然破壞殆盡，甚至忘了如此一來將奪走生存於其中的生命，這雖然令人悲哀，但也正是現今人類的樣貌。

與自然協調並存

生活的一切都與自然息息相關

我們現在的生活，並不是自己製作食物來食用的自給自足的生活。製作食物的人與我們之間，還存在了許多其他的人。因此我們便自然而然的認為，現在的生活是與自然毫不相干的。這麼想，可是大錯特錯呢。其實我們現在的生活，沒有一項與自然無關。前面所說的製造物品所用的燃料，便是自然的產物。既然我們生活所需的一切，都取之於自然，那麼，我們是不是也該對大自然更加溫柔的對待呢？

森林、河川與我們

森林利用太陽能進行光合作用，把多餘的氧氣釋放到大氣之中。此外，還是鳥類與動物的棲息地，為牠們提供了保護。而森林的地面，則充分地吸收了豐沛的雨水。雨水轉變為流動的地下水，再以湧泉的方式流出地表，匯聚成小小的水流，最後形成河川。我們從河川取得了飲用水、生活用水、工廠用水，以及利用水壩來發電等。如果把樹木砍光，雨水就無法滲入地下，而直接從地表流走，導致河川與人類的關係將走到絕境之中。所以，我們一定要了解到森林的重要性。

守護森林、河川與生物

現在，完全保留原貌的自然森林，已經極為稀少了。相比之下，砍伐自然森林之後重新栽種的人造杉樹林或檜樹林，生物物種遠少於自然森林。我們不能再繼續傷害大自然的時代已經來臨了。大自然是我們生活的泉源，而我們與森林、河川和動物都緊密地相互依存著。我們要了解彼此之間的關係，進一步也要觀察其他生物的生活情形。

有關生物的採集與飼育

為了解生物所進行的採集

　　想要知道生物們的生活與彼此之間的關係，一定要經常到野外走走。親身體驗是非常重要的。用手觸摸，靠近觀看，就能更深入了解這個生物。這也正是採集的目的。然而，現在的大自然，比起數十年前已經有很大的改變。森林或河川經過人工改造，居住在其中的生物數量已銳減許多。儘管我們只是為了觀察而進行採集，如果不多加留意的話，也很難保存目前的自然狀態。因為就算是為數眾多的生物，如果一直不斷地被拿取，也很容易在短時間內瀕臨絕種。因此，建議大家採集之後，盡可能在現場進行觀察，完畢後立即恢復原狀。如果要帶回家，就要想清楚目的是什麼，自行判斷後再做決定。

選擇飼育的東西是很重要的

　　如果說採集觀察，是深入了解生物的方法之一，那麼飼育更能進一步認識該生物的生活情形。可是，飼育卻有個很大的問題。因為我們沒辦法為生物提供與自然相同的環境，一旦生物進入這個有限的範圍內，而且還是人工的環境，對牠們來說都不是一件好事。以昆蟲為例，轉變為成蟲後的短暫生命期間，大部分都只為了繁殖後代。所以捕捉成蟲，就會斷絕了下個世代的繁衍。本書所列舉的生物中，能在飼養時受到傷害較小的，就只有成蟲前的昆蟲，和住在河裡的小魚而已。把水槽做出接近自然的環境，不要使用打氣幫浦等多餘的裝置，只要能維持與自然調和，就能進行飼育的工作。參考右圖中的調和水槽，試著做做看吧。此外，以飼育動物為工作的，是動物園與水族館。我們能在那裡貼近觀察動物的姿態與生活，所以多多利用動物園與水族館吧。

採集的方法

① 使用網子（48頁）

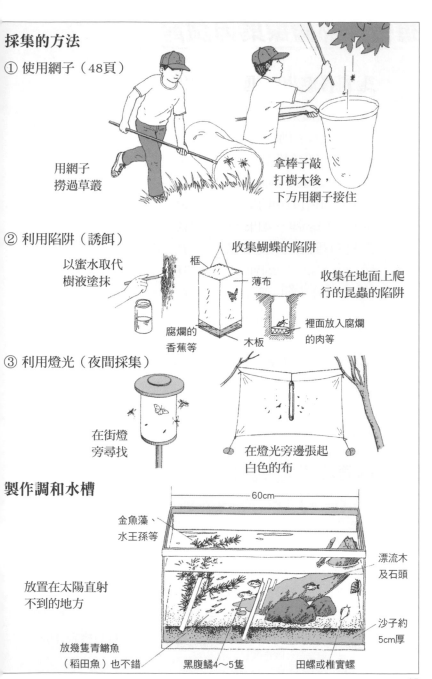

用網子
撈過草叢

拿棒子敲
打樹木後，
下方用網子接住

② 利用陷阱（誘餌）

以蜜水取代
樹液塗抹

收集蝴蝶的陷阱

框

薄布

腐爛的
香蕉等

木板

收集在地面上爬
行的昆蟲的陷阱

裡面放入腐爛
的肉等

③ 利用燈光（夜間採集）

在街燈
旁尋找

在燈光旁邊張起
白色的布

製作調和水槽

60cm

金魚藻、
水王孫等

漂流木
及石頭

放置在太陽直射
不到的地方

沙子約
5cm厚

放幾隻青鱂魚
（稻田魚）也不錯

黑腹鱊4～5隻

田螺或椎實螺

進行自然觀察的方法

走到各處去看看

　　首先，我們到野外去走走路吧。從住家附近開始也可以。光是走路，在不同的地點間移動，就能知道各式各樣的自然生態。去了10個地方，就能了解10種自然面貌。只要環境稍有不同，生活在那裡的生物也會不一樣。只不過相距幾公尺遠，所生長的植物也會不同，可能是因為日照的關係，也說不定是人為所造成的。仔細想想環境的因素，並充分運用五官去感受。讓我們走一段路吧。

停下來觀察

　　偶爾停下來吧。植物的莖、葉、花，在這個季節呈現什麼樣的狀態呢？每一個地方是否有昆蟲出沒呢？也看看葉背吧。如果有樹木的話，查看一下是否有鳥兒飛來呢。有些鳥兒喜歡停在高高的樹梢上，有些喜歡停在低矮的枝頭上，有些則喜歡樹幹，1棵樹被清楚地劃分出不同鳥類的棲息地。像這樣知道依高度而形成棲息地的區隔，也是了解牠們生活的重點。

隨著時間進行觀察

　　植物一旦生了根，便無法離開。所以植物一日間的變化，以及隨著四季更迭產生的變化，只要你有興趣及恆心，就能夠持續觀察到。動物則不同，會四處移動生活，因為牠們不像植物能自行製造養分，所以必須去尋找食物，同時也要逃離把自己當成食物的天敵。會移動這一點，在隨著時間去觀察動物是有些困難的，可是只要能夠知道該動物的生活習性，要觀察也不是不可能的事了。有一點難度的觀察，是更具有挑戰性的。

依場所而不同

杉樹　柿樹　梨樹　拘橘　椎樹　公園

草地　田地　栗樹　橡樹

麻櫟　櫻樹　小學　草地　淨水場

依高度而不同

大山雀

灰椋鳥

蟬

吉丁蟲　螞蟻　卡氏地蛛

依時間而不同

標籤

調查植物在夜晚與白天的變化

棉花

幫動物做記號，以便追蹤

如果是哺乳類，要記住特徵，進行觀察

例如臉頰上毛的長度、顏色等特徵

17

紅毛猩猩的棲息森林

　　森林一旦消失，意味著居住其間的所有生物，都會失去牠們的棲息地。生活在東南亞叢林內的紅毛猩猩，也是面臨這種危機的動物之一。紅毛猩猩在馬來語中稱之為Orang utan，意指森林中的人。在樹上生活的牠們，若失去森林的話，便無法生存。現在，牠們僅存於婆羅洲與蘇門答臘。目前這兩個島上，都有人飼養著紅毛猩猩，或是對被偷獵的紅毛猩猩進行保護，並建立讓牠們回到自然森林的設施。於是我前往其中位於蘇門答臘的柏霍洛克（註：該地有紅毛猩猩復育站），有大部分的紅毛猩猩，在很小的時候便被帶離母親身邊，來到人類居住的地方。因為缺乏母愛，精神上會受到創傷，連爬樹等生活方式都不會，如果只是將牠們放回森林，還是會無法存活。所以只能定時餵給香蕉或牛奶等食物，幫助牠們漸漸習慣森林的生活。當天，我看到7隻紅毛猩猩，有些很快便來接近人類，有些則只是遠遠地從樹上看著。我衷心祈願，希望牠們能早日回到森林裡生活。

昆 蟲 類
與其他的蟲

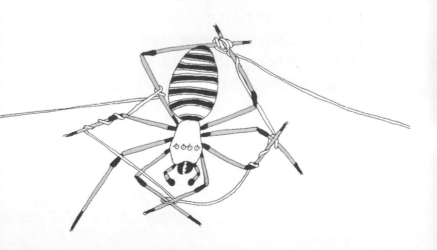

觀察時的用具與服裝

配合目的來準備用具

昆蟲在分類上屬於節肢動物門的昆蟲綱。數量之多，約占所有動物種類數量的4分之3。光是有記錄的種類數量，就約有80萬種。昆蟲的身體，分為頭部、胸部、腹部三部分，胸部上長有3對胸足。對我們而言，可說是身邊很常見的生物。不過幾乎大部分的昆蟲都很小，也不會乖巧地讓人觀察。如果是比較熟悉的人，甚至連飛過眼前的蝴蝶，都能判斷出是雄性還是雌性，那是因為他們經常有就近觀察的經驗。要捉住會飛的昆蟲，就要使用捕蟲網。蜜蜂有螫傷人的危險，所以捉到後要將牠們移到瓶子裡。設置陷阱的地方，可以用標籤或紙膠帶綁在附近的樹枝上，之後會很容易找到。配合觀察目的選取適合的用具吧。

靈活運用口袋多的衣服

服裝上，要選擇容易活動且不怕弄髒的衣服。上衣部分，就算是夏天也選長袖穿會比較好。這樣比較能防止蟲類叮咬及植物的刺傷，而且直接接觸陽光的部分越少，越不容易疲累。同樣的道理，穿長褲也是比較好的選擇，而且寬鬆一點的比較容易活動。因為觀察的用具大多為細長型，所以容易拿出東西的多口袋服裝會很方便。釣具行、販售照相器材的店家，都會販賣多口袋式的背心，可多加利用。鞋子部分，穿習慣的運動鞋就可以。也很推薦長統雨靴。走在森林中的泥濘地或草叢裡，穿長統雨靴行進時就可以不用太在意腳下。買的時候要先檢查鞋底，選擇不易滑倒的材質。可以在釣具行買到。而無論出門時天氣多麼晴朗，都不要忘記攜帶雨衣或雨傘。準備一把較輕便的雨傘吧。

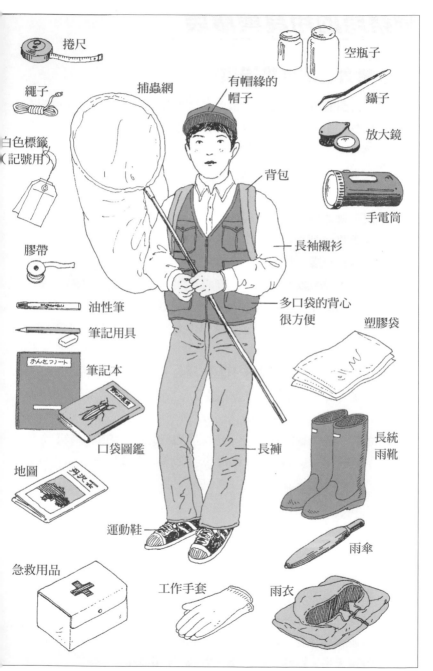

捲尺

空瓶子

繩子

捕蟲網

有帽緣的
帽子

鑷子

白色標籤
（記號用）

放大鏡

背包

手電筒

膠帶

長袖襯衫

油性筆

多口袋的背心
很方便

塑膠袋

筆記用具

筆記本

口袋圖鑑

地圖

長褲

長統
雨靴

運動鞋

雨傘

急救用品

工作手套

雨衣

21

觀察昆蟲的注意事項

請勿用手直接觸摸

　　近距離觀察昆蟲時，也可能發生危險。昆蟲所擁有的毒性，是為了保護自己。如果覺得牠有毒就必須撲殺，那麼就錯了。請多加了解關於危險生物的知識，並盡量避免危險發生吧。絕對不要空手去觸摸昆蟲，這是第一步，萬一不幸發生危險時，除了恙蟎、山蛭外，塗抹抗組織胺藥膏是最有效的方法了。

蜂　會紅腫劇痛。被胡蜂螫到還可能會導致死亡。如果被蜂螫過幾次，大部分都會引起激烈的過敏症狀。

華夏粗針蟻　刺到後會感覺到劇痛，並變得紅腫。

松藻蟲　感覺很像被蜂螫到的劇烈痛楚，紅腫、會癢。

偽黑尾葉蟬　激烈的搔癢會持續很久。

蚋　虻　蠓（吸血小黑蚊）　斑蚊　有尖銳的刺痛及劇癢。可在皮膚上塗抹防蚊液。

扁蝨　刺痛紅腫。大多會黏上好幾天。如果強力拔除的話，口器會留下來，造成傷口化膿。靠近火邊並在牠鬆口時儘快去除。可事先在皮膚上塗抹防蚊液。

恙蟎　是恙蟲病的媒介，也可能造成死亡。恙蟎會吸取人體的淋巴液，大約2週後會造成患者發燒，全身起疹子。此時要立即送醫。平時盡量不要去恙蟎聚集的地方。

山蛭　被咬後血會流個不停，所以要用加壓止血法。但不太會感到疼痛。

毒蛾　茶毒蛾　白紋毒蛾　黃毒蛾　黃刺蛾　赤松毛蟲
如果觸摸到幼蟲身上的毒針毛，會感覺到疼痛及劇癢。

蜈蚣　感覺劇烈疼痛，並且紅腫。

日本紅螯蛛　感覺劇烈疼痛，並且紅腫。（參閱30頁）

隱翅蟲　碰觸到蟲子的體液，皮膚會覺得很癢，然後越來越痛。

青擬天牛　紅腫、起水泡。看起來很像燙傷。

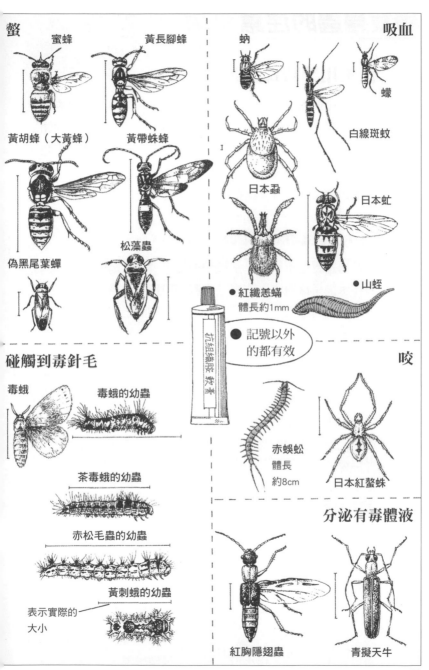

螫

蜜蜂　黃長腳蜂

黃胡蜂（大黃蜂）　黃帶蛛蜂

偽黑尾葉蟬　松藻蟲

吸血

蚋

蠓

白線斑蚊

日本蝨

日本虻

● 紅纖恙蟎
體長約1mm

● 山蛭

● 記號以外
的都有效

抗組織胺軟膏

碰觸到毒針毛

毒蛾　毒蛾的幼蟲

茶毒蛾的幼蟲

赤松毛蟲的幼蟲

黃刺蛾的幼蟲

表示實際的
大小

咬

赤蜈蚣
體長
約8cm

日本紅螯蛛

分泌有毒體液

紅胸隱翅蟲　青擬天牛

23

尋找身邊的昆蟲

在主場尋找昆蟲

主場……棒球比賽中常聽到的術語。指的是能夠讓本地球員不斷練習，對每個角落十分熟悉的地主隊的球場。而我們觀察自然時的主場，就是我們所居住的家裡，還有四周。先在這裡學習自然觀察的方法，等建立自信後再到其他的地方，就能派上很大的用場。所以就在我們的主場，尋找身邊的生物吧。

白天與夜晚的觀察

廚房裡有隻小蒼蠅，正緩慢地飛來飛去。追著牠走，只見牠停在水槽角落的垃圾籃裡。當我們一打開水槽下方的櫃子，只見蟑螂迅速地逃走。至於平常很少打開的上層衣櫃又會是什麼情形呢？拿張椅凳站在上面瞧瞧，也許會發現裡面布滿了蜘蛛網呢。像這樣能陸陸續續發現生物的家，大概家中的女主人也不太有潔癖吧。不過就算是再愛乾淨的家庭，一定還是能夠找到些什麼東西吧。主場的優勢，就是無論白天或黑夜，都能進行觀察。尤其到了晚上，趨光而來的昆蟲很多，而蜘蛛與壁虎，正虎視眈眈的以這些昆蟲為目標。夜晚，也到家門外頭附近繞繞吧。

製作生物地圖

在家裡或附近的生物種類，視這間房子位於何處而有很大的不同。都會區的公寓、郊區綠化很好的獨棟洋房，或是附近有森林的鄉下房子，到了夜晚，都可能會有獨角仙或金龜子飛來靠近燈光。無論在哪裡，這份記錄都是珍貴的。記下自己的家位於什麼樣的環境，製作一份生物地圖吧。至於每一種生物做了些什麼，也可以在旁邊加以說明。

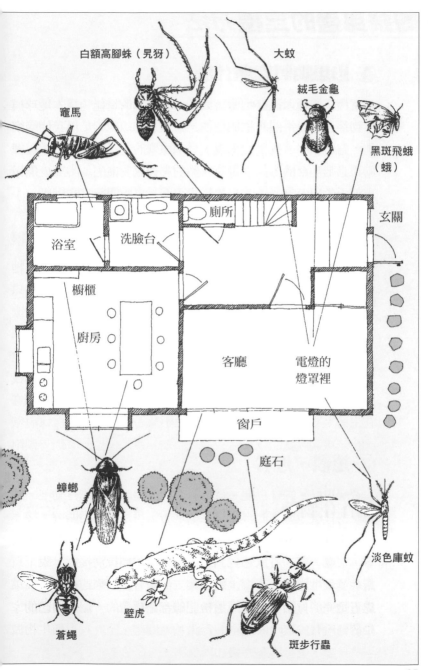

白額高腳蛛（蛃犽）
大蚊
絨毛金龜
黑斑飛蛾（蛾）
竈馬
浴室
廁所
玄關
洗臉台
櫥櫃
廚房
客廳
電燈的燈罩裡
窗戶
庭石
蟑螂
壁虎
蒼蠅
斑步行蟲
淡色庫蚊

25

觀察昆蟲的三種方法

① 想想牠們吃些什麼

就像我們每天都會吃飯，活動一整天然後睡覺一樣，每一種生物都有各自不同的生活習性。特別是知道牠們是以吃什麼維生，對於了解這些生物來說，是很重要的。仔細逐一想想身邊的昆蟲吧。蒼蠅，似乎是吃我們的剩飯殘羹維生。米或小麥粉裡的玉米象、吃豆子的豆象蟲，也都是以我們的食物維生。不過有些昆蟲，吃的卻是我們不認為是食物的東西，包括吃書背糨糊部分的衣魚，以羊毛、絲織品等動物性衣料為食物的鰹節蟲，還有吃木材的白蟻等。

② 想想牠們與人類的關係

雖然上面所舉的例子，都是在我們生活中會造成困擾的昆蟲，但自然界中，牠們還是有天敵的。例如蜘蛛或壁虎一類。認為蜘蛛很噁心，會想要把牠們趕走的人，如果知道蜘蛛吃些什麼、過怎麼樣的生活，可能想法就會大大改變了。要說蜘蛛在生活上對我們有很大的助益，也不為過。

③ 遠觀、近看

蒼蠅也好、蜘蛛也罷，就用一整天來追蹤牠們的行動吧。牠們吃些什麼，與牠們喜愛棲息的地方，可是息息相關喔。接下來，拿起放大鏡，靠近一點看吧。仔細看看牠們的臉部和手腳，這麼一來，可以感覺到這隻生物與我們特別接近，說不定還能發現牠們在天花板上爬來爬去而不會掉下來的祕密。由遠處看牠們的行動，在近處看牠們的身體構造——這兩個動作，是觀察所有生物時最基本的方法。

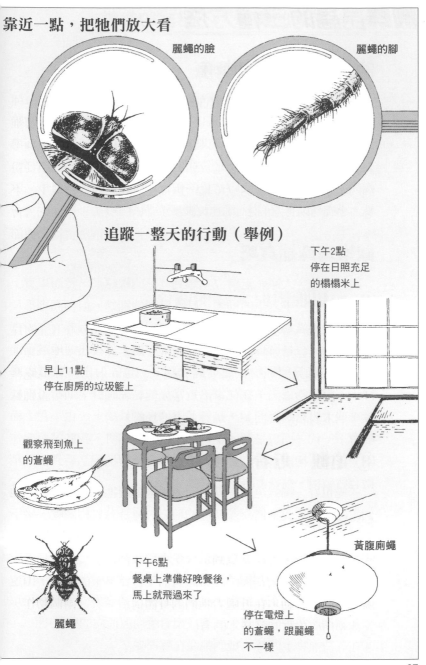

靠近一點,把牠們放大看

麗蠅的臉

麗蠅的腳

追蹤一整天的行動(舉例)

下午2點
停在日照充足
的榻榻米上

早上11點
停在廚房的垃圾籃上

觀察飛到魚上
的蒼蠅

黃腹廁蠅

下午6點
餐桌上準備好晚餐後,
馬上就飛過來了

麗蠅

停在電燈上
的蒼蠅,跟麗蠅
不一樣

27

蜘蛛——結網的蜘蛛 不結網的蜘蛛

能在家中看見的蜘蛛

蜘蛛不屬於昆蟲，這件事學校應該已經教過了。蜘蛛這一類，與昆蟲類、甲殼類（蝦、螃蟹）並列，同屬於節肢動物門。只要是活的昆蟲，都是蜘蛛的食物，所以有昆蟲出沒的地方，就看得見牠們。即使是位在都會區的家庭裡，也應該都有蜘蛛的身影存在。在家中常見的蜘蛛，有體形較大的白額高腳蛛，小蜘蛛則有兩個像車頭燈般眼睛的跳蛛等。

觀察蜘蛛捕食吧

說到蜘蛛，大家一定會立刻想到圓形的蜘蛛網，然而事實上蜘蛛類中有一半以上的種類，是不結網的蜘蛛。白額高腳蛛及跳蛛都是不結網的蜘蛛，牠們為了捕捉蒼蠅或蟑螂等而在家裡四處走動。一旦發現獵物，會先緩緩靠近，然後迅速地跳上前去捕捉。就算與獵物一起從高處落下，也能射出絲線沿線垂降，不讓獵物逃走。在住家附近常見的結網蜘蛛，通常是橫紋金蛛或大腹鬼蛛等同類。蜘蛛並不住在蜘蛛網上，也不在上面哺育下一代，而只是為了捕捉獵物所設的陷阱。我們試著惡作劇一下吧。把樹葉丟向蜘蛛網，蜘蛛會怎麼樣呢？看到網子稍微有些破損，蜘蛛會將它補好嗎？

觀察的重點

①不結網的蜘蛛，會走到哪裡去尋找獵物呢？
②如果找到蜘蛛網，要調查它的高度、大小、形狀及周圍的環境。
③如果看見蜘蛛正在結網，要調查時間、結網方向的順序，以及結網所花費的時間。試著摸摸看縱向與橫向的網紋吧。
④在等待獵物上門時，牠們都躲在哪裡呢？

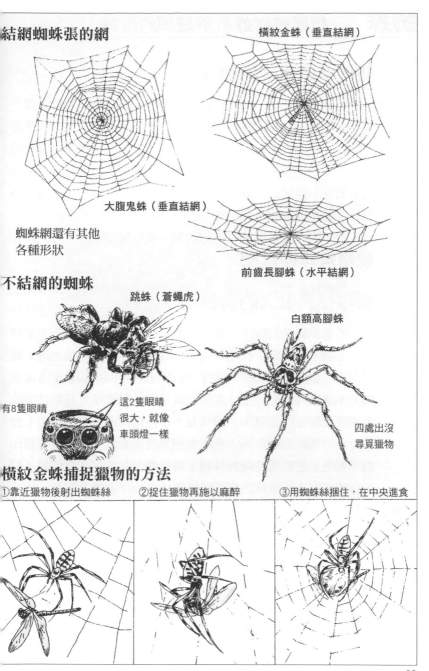

結網蜘蛛張的網

橫紋金蛛（垂直結網）

大腹鬼蛛（垂直結網）

蜘蛛網還有其他
各種形狀

前齒長腳蛛（水平結網）

不結網的蜘蛛

跳蛛（蒼蠅虎）

白額高腳蛛

有8隻眼睛

這2隻眼睛
很大，就像
車頭燈一樣

四處出沒
尋覓獵物

橫紋金蛛捕捉獵物的方法

①靠近獵物後射出蜘蛛絲　　②捉住獵物再施以麻醉　　③用蜘蛛絲捆住，在中央進食

29

蜘蛛——採集並就近觀察吧

利用空瓶子來捕捉

不管在住家附近還是野外，當發現蜘蛛的時候，最重要的是要先保持安靜，仔細觀察牠正在做什麼。如果想更進一步了解這隻蜘蛛，就捕捉牠。最簡單的方式，是用倒扣的空瓶子蓋住牠，或是把牠趕進瓶裡。徒手抓當然也可以，但有可能會傷害到蜘蛛，而且萬一是白額高腳蛛那類大型蜘蛛，雖然沒有毒性，但被咬到也會很痛，因此放入瓶中的作法，是比較安全的。如果同一個瓶子要放進好幾隻，就要做出隔間，因為可能會有互食的情形。

製作怪異巢穴的蜘蛛

在石牆或庭院的樹下，有一種蜘蛛會築出長型袋狀的巢穴來等待獵物，那就是卡氏地蛛。只要昆蟲或鼠婦等經過上方，牠就會飛撲出去將獵物拖回巢中。用樹葉等東西碰觸袋子上方，看看卡式地蛛的行動吧。此外，在夏季前往芒草生長的地方去看看吧。仔細注意葉子，會看見小小捲摺而膨起來的地方。那大多是日本紅螯蛛的巢穴。之前雖然提過蜘蛛並不會住在自己的巢裡，但卡式地蛛或日本紅螯蛛一類的巢穴，也同時是牠們的住所。日本紅螯蛛的母蛛會在巢中產卵，而從卵裡孵化出來的小蜘蛛，在完成一次脫皮後，就會把母親吃掉。

蜘蛛的敵人

青蛙、壁虎、鳥等，會吃蜘蛛的敵人很多，而其中專門以蜘蛛為食的就是蛛蜂。蛛蜂會將針刺進蜘蛛身體中，麻痺蜘蛛後，送回蜂巢並在牠身體上產卵。接著再以這隻活的蜘蛛身體為食，養育孵化出來的小蛛蜂。

採集蜘蛛的方法

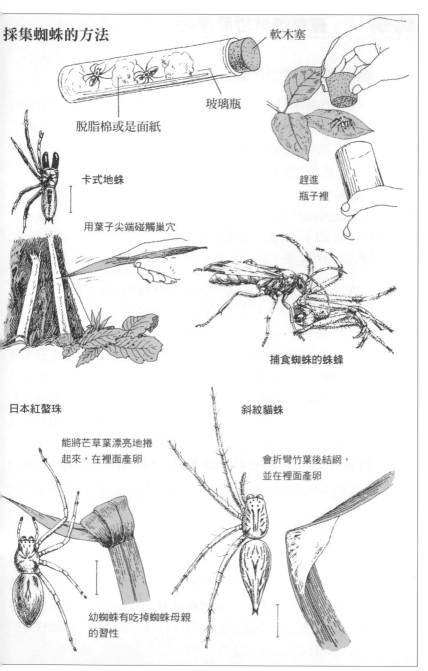

軟木塞

玻璃瓶

脫脂棉或是面紙

卡式地蛛

趕進
瓶子裡

用葉子尖端碰觸巢穴

捕食蜘蛛的蛛蜂

日本紅螯珠

斜紋貓蛛

能將芒草葉漂亮地捲
起來，在裡面產卵

會折彎竹葉後結網，
並在裡面產卵

幼蜘蛛有吃掉蜘蛛母親
的習性

螞蟻——春季的結婚飛行

蟻后與雄蟻的邂逅

6月初左右，仔細留意一下庭院或附近的空地吧，是不是有長了翅膀的黑螞蟻在飛呢？有時窗邊爬著許多長了翅膀的螞蟻，你嚇了一跳以為是白蟻，仔細一看卻是黑色的螞蟻。這是一年一度能見到螞蟻結婚飛行的時期。擁有翅膀的蟻后與同樣擁有翅膀的雄蟻進行交配後，蟻后會降落在地面上，然後挖掘洞穴，開始築巢。

築巢的樣子

蟻后降落到地上，已經沒有用的翅膀會脫落，然後牠就會在地面挖掘洞穴產卵。雄蟻的數量多於蟻后，無論是否有與蟻后交配，全數都會死亡。蟻后產卵後，約60天左右會孵化出工蟻（雌）。蟻后由成長後的工蟻供養食物，然後繼續產卵，讓螞蟻的巢穴在地底下壯大。4～5年過後巢穴的數量就會很可觀，這時除了工蟻外，還會生下雄蟻與蟻后。大自然的運作，真是令人感到不可思議。這些雄蟻與蟻后，又將踏上結婚飛行的旅程。

互助合作的螞蟻與蚜蟲

螞蟻中，分別有擔負產卵使命的蟻后（壽命約10年），生來為了與蟻后交配的雄蟻（壽命約6個月），以及負責尋找食物、照顧蟻后、卵、幼蟲的工蟻（壽命約1年）。螞蟻主要的食物來源，包括花蜜、動物屍骸，以及蚜蟲分泌的蜜汁。工蟻只要用觸角碰碰蚜蟲，蚜蟲就會把從樹或草所吸收並囤積在體內的汁液，從尾部排出。而螞蟻得到這些蜜汁的回報，就是守護蚜蟲不受瓢蟲等天敵侵害。

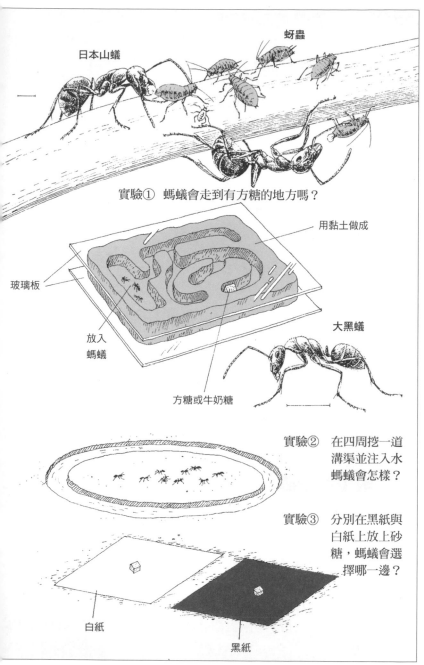

蚜蟲

日本山蟻

實驗① 螞蟻會走到有方糖的地方嗎？

用黏土做成

玻璃板

放入
螞蟻

方糖或牛奶糖

大黑蟻

實驗② 在四周挖一道
溝渠並注入水
螞蟻會怎樣？

實驗③ 分別在黑紙與
白紙上放上砂
糖，螞蟻會選
擇哪一邊？

白紙

黑紙

蝸牛──跟著痕跡走吧

晴天和雨天的行動

找找看蝸牛吧，牠們在哪兒呢？與角蠑螺同屬螺貝一類的蝸牛，最喜愛的就是潮溼的地方。晴天時，白天會躲在陰影處，一到晚上才出來活動。所以在覆滿落葉的石頭，或倒塌樹木底下潮溼的地方找找看吧。仔細看看外殼，入口處有一層防止乾燥的薄膜。雨天或下過雨後，就算是白天也會出來活動，所以穿上你的雨衣，出門去吧。從葉子移到另一片葉子時、爬上藤蔓時利用腹足的方式、外殼的形狀及左旋或右旋等，都是觀察的重點。蝸牛外殼上的螺旋，會隨著成長而越來越多圈。成年約有4至5圈。

標上記號追蹤牠一整天的行動

依照右頁的方式在蝸牛身上做個記號，觀察牠們會去哪裡，以及做些什麼事吧。設定30分鐘或1小時，記錄一次牠們的移動地點，這麼一來蝸牛的行動地圖就完成了。只要持續地記錄下去，便能充分了解蝸牛是否每天都在同樣的場所活動等有趣的生態了。

蝸牛的生活

蝸牛的口中，有個長得很像銼刀的牙齒，稱為齒舌，能將葉子、花及苔蘚等削下來吃掉。吃過後會留下一條細溝槽般的痕跡。齒舌不容易看到，可以把蝸牛放在玻璃板上，用放大鏡從背面來看。完全成長的蝸牛，大概會在5月至7月之間交配。蝸牛並沒有雄性或雌性的分別，每隻蝸牛都兼具了雙性的機能，在交配時互換精子，兩隻都會產卵。牠們把卵產在淺淺挖出的土層中。

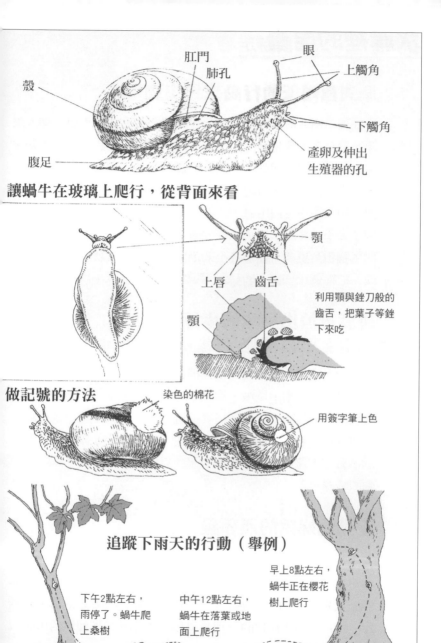

殼

肛門
肺孔

眼
上觸角

下觸角

產卵及伸出
生殖器的孔

腹足

讓蝸牛在玻璃上爬行，從背面來看

顎

上唇　　齒舌

顎

利用顎與銼刀般的
齒舌，把葉子等銼
下來吃

做記號的方法

染色的棉花

用簽字筆上色

追蹤下雨天的行動（舉例）

早上8點左右，
蝸牛正在櫻花
樹上爬行

下午2點左右，
雨停了。蝸牛爬
上桑樹

中午12點左右，
蝸牛在落葉或地
面上爬行

水溝裡的昆蟲

一到夜晚就很容易找到生物

往道路兩旁的水溝裡瞧瞧吧。隨著雨天的水流，積了不少泥濘及落葉呢。翻翻落葉，找找看有沒有昆蟲躲在裡面。在乾燥地方與潮溼地方的昆蟲，應該也會不同吧。右圖，是某天晚上在水溝裡發現的生物。因為雨從白天就一直下，水溝裡相當潮溼。用大型手電筒照射，並翻起落葉後，昆蟲便緩緩蠕動爬出來了。不只昆蟲，還有鼠婦與蚯蚓。比起白天，晚上所能見到的生物數量更多。如果是不知道名稱的昆蟲，就用鑷子（或竹筷）把牠夾到空瓶子裡，進行觀察。

碰就會放出臭味的步行蟲

雖然很倒霉地被取了垃圾蟲這樣的俗稱，但是步行蟲可不是吃垃圾維生的。牠反而是獵捕體形更小且專吃垃圾的昆蟲。經常可以在落葉、垃圾、堆肥下方找到牠。步行蟲的特徵，是會放出令人討厭的臭味。只要一碰到放屁蟲與小細頸步行蟲，就會砰地一聲，冒出一團白色的煙。如果不小心碰觸到白煙的話，有些人還可能會起水泡呢。所以要注意，千萬不要讓煙跑到眼睛裡。

吃動物屍體的埋葬蟲

如果水溝裡有死老鼠的話，就一定會看到埋葬蟲了。不只是水溝裡，連森林中動物的屍體旁也看得到。但比起吃動物屍體，北海道紅胸埋葬蟲及紅胸埋葬蟲更喜歡捉蚯蚓或蝸牛來吃。水溝裡除了垃圾蟲、埋葬蟲以外，也有其他翅膀很美麗的步行蟲存在。

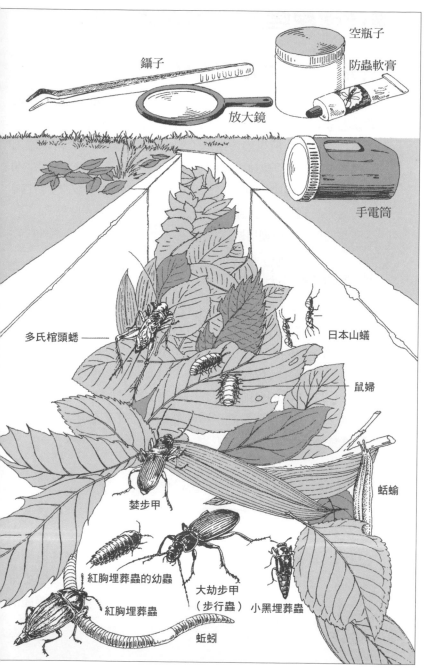

鑷子

放大鏡

空瓶子

防蟲軟膏

手電筒

多氏棺頭蟋

日本山蟻

鼠婦

塹步甲

蛞蝓

紅胸埋葬蟲的幼蟲

紅胸埋葬蟲

大劫步甲
（步行蟲）

小黑埋葬蟲

蚯蚓

聚集在夜晚燈光下的昆蟲

會聚在哪種燈光下呢？

晚上，在住家附近走一走吧。玄關的燈光下或街燈下，是否有昆蟲聚集呢？發現的話，就照以下的事項觀察吧。

①調查燈光的顏色。橙黃色電燈的光線和藍色日光燈的光線，哪一處聚集的昆蟲比較多呢？

②拼命在燈光四周打轉飛舞的昆蟲，會停在什麼地方呢？比較看看昆蟲的顏色與停留地點的顏色。

③有幾種昆蟲出現呢？數數看吧。

依季節進行觀察

夜行性的昆蟲要倚賴光線飛行。而光線的來源包括月光，或者是人工製造的街燈光線。把有月亮的晚上，與漆黑的夜晚比較看看，便能夠了解，昆蟲會在漆黑的夜晚聚集到街燈的光芒下，而且多往藍色的燈光聚集。利用這個特性，到野外進行夜間觀察吧。參閱103頁搭起白布，從裡面打出日光燈。在春初、夏初、盛夏、夏末等不同的時期，在同樣場所進行觀察，就會知道聚集而來的昆蟲有哪些不同的種類。

不用害怕飛蛾

在聚集到光線下的昆蟲中，小形的有葉蟬、草蛉、椿象等。至於飛蛾類，小的不到1公分，大的有展開雙翅可達10公分的大水青，種類繁多。有人會認為蛾的鱗粉有毒，或是所有的蛾都有毒針毛，但事實並非如此。尾端有毒針毛的，只限於毒蛾、茶毒蛾、白紋毒蛾、黃毒蛾等幾類的成年雌蛾。只要能注意這些，觀察時就可以不必那麼緊張兮兮了。

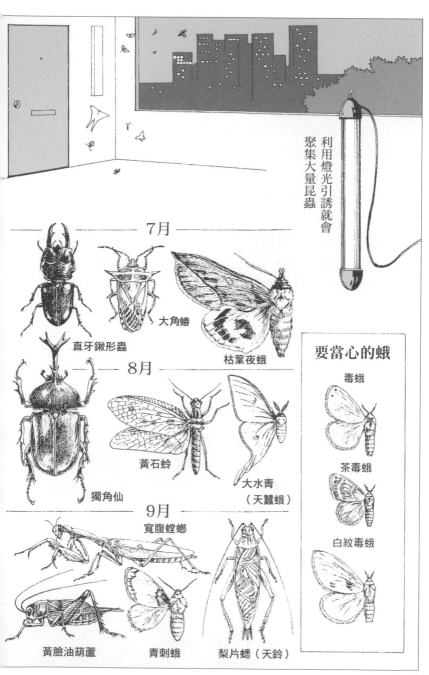

利用燈光引誘就會聚集大量昆蟲

7月

直牙鍬形蟲

大角蟬

枯葉夜蛾

8月

獨角仙

黃石蛉

大水青（天蠶蛾）

9月

寬腹螳螂

黃臉油葫蘆

青刺蛾

梨片蟋（天鈴）

要當心的蛾

毒蛾

茶毒蛾

白紋毒蛾

蛾——與蝴蝶哪裡不同呢？

蛾的研究仍有許多未知的部分

如果有人問你蛾與蝶有什麼不同，通常都會得到以下的回答①蛾在夜間活動，而蝶在白天活動 ②停下來的時候，蛾的翅膀是展開的，而蝶的翅膀則是收合的。的確，我們平日所看到的蛾與蝶，大部分都擁有這樣的特徵。同一個問題的答案，還有人會回答 ③蛾的身體較胖，鱗粉很多，而蝶的身體細長，鱗粉沒有蛾那麼多 ④蛾的觸角有線狀、羽狀等模樣，但蝶的觸角就只是棍棒狀。會這麼回答的人，對昆蟲已經頗為熟悉。然而①②③④點，都只能說是我們所知的昆蟲中極少的一部分而已，還有很多是例外的。日本的蛾約有5000種（蝶約250種），而世界上的蛾則約有18萬種（蝶約1萬種）。比起蝴蝶，有關蛾的研究進展還緩慢的很。事實上對於一開始提問的答案而言，也沒有回答得很清楚。你可能覺得不以為然，但蛾身上仍是有許多未解之謎。

晚上，出門去觀察蛾吧

蝶與蛾一樣，為了飛行所需的能量都很大。而且在飛行中，身體的溫度也必須高於氣溫。經常在白天活動的蝴蝶，憑藉著太陽的熱能來溫暖身體飛行。然而大部分在夜晚活動的蛾，因為無法藉助太陽的能量，所以必須振動自己的身體讓體溫上升後再飛起來。觀察看看吧。蛾的食物，跟蝴蝶一樣是花蜜與樹液，有些則會吸取桃子或無花果等果實的汁液。進食方式較為奇特的，則是天蛾科一類，牠們會在空中微微地振動翅膀與身體，在保持靜止的飛行狀態下，以長長的口器吸取花蜜或樹液。請前往樹林裡尋找分泌樹液的樹，或是到月見草、天茄兒等夜晚綻放的花朵附近，去等等看吧。

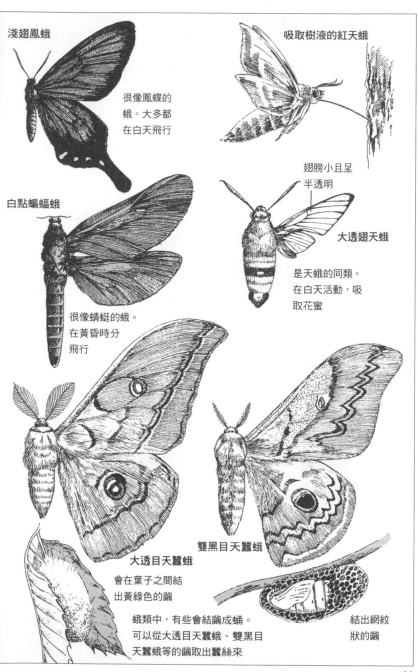

淺翅鳳蛾

很像鳳蝶的
蛾。大多都
在白天飛行

吸取樹液的紅天蛾

翅膀小且呈
半透明

大透翅天蛾

是天蛾的同類。
在白天活動，吸
取花蜜

白點蝙蝠蛾

很像蜻蜓的蛾。
在黃昏時分
飛行

大透目天蠶蛾

會在葉子之間結
出黃綠色的繭

雙黑目天蠶蛾

蛾類中，有些會結繭成蛹。
可以從大透目天蠶蛾、雙黑目
天蠶蛾等的繭取出蠶絲來

結出網紋
狀的繭

到庭院裡來的昆蟲

什麼樣的植物會吸引什麼樣的昆蟲

　　春天、夏天，一直到秋天，庭院或公園的花壇裡，都綻放著色彩繽紛的各種花朵。這時蝴蝶、蜜蜂、食蚜蠅、甲蟲等紛紛為造訪這些花兒而前來。而什麼樣的花，會吸引什麼樣的昆蟲或蜘蛛呢？請在花前坐一會兒，觀望看看吧。雖然這樣的觀察需要很大的耐心和毅力，但只要以1小時左右時間調查，並記錄有哪些生物前來，那麼就可以很清楚昆蟲活動的狀態。昆蟲們在什麼時段活動最為頻繁呢？當時的氣溫及溼度又是如何呢？

想想牠們為何而來

　　昆蟲們前來的目的是什麼呢？仔細瞧瞧，會發現來花朵上的，與在葉子及莖上的種類不同。來找花朵的昆蟲，都會吸取花蜜或吃花粉等。蝴蝶或蜜蜂飛到花朵上時，是如何取得食物的呢？請悄悄地靠近觀察牠們吧。像杜鵑花之類呈筒狀的花朵，在花心深處都有花蜜。有辦法把口器伸入內部的蝴蝶，以及會鑽進深處的蜜蜂，都是哪些種類呢？

不只花朵，也要注意葉子與花莖

　　例如總是找尋花朵的蝴蝶，竟停在葉子上方。你是不是覺得很奇怪。於是起了莫大的興趣，想知道牠在做什麼。有些在稍作休息，有些則彎起肚子產卵。如果是產卵，那麼等蝴蝶飛走以後，就用放大鏡看看蟲卵吧。這株植物與吸食花蜜時的植物相同嗎？還是不一樣呢？這些植物對昆蟲而言，有些是成蟲的食物，有些則是從卵變幼蟲時的食物。

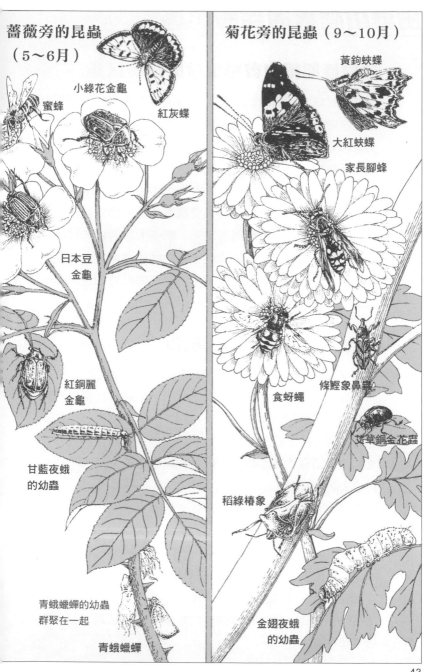

薔薇旁的昆蟲（5～6月）

小綠花金龜

紅灰蝶

蜜蜂

日本豆金龜

紅銅麗金龜

甘藍夜蛾的幼蟲

青蛾蠟蟬的幼蟲群聚在一起

青蛾蠟蟬

菊花旁的昆蟲（9～10月）

黃鉤蛺蝶

大紅蛺蝶

家長腳蜂

條鰹象鼻蟲

食蚜蠅

艾草銅金花蟲

稻綠椿象

金翅夜蛾的幼蟲

43

田野山間看得到的昆蟲

對環境進行調查是很重要的

將前頁所進行的觀察，以田野或山間看得到的植物為中心再做一次吧。先調查 ①什麼樣的植物會吸引什麼樣的昆蟲呢？②牠們來做什麼？接著再稍微擴大主題，調查牠們喜歡的是日照充足的地方，還是有陰影的地方等與周遭環境有關的事項。以蝴蝶來說，白粉蝶、鳳蝶、金鳳蝶等，都喜歡明亮開闊的場所，而黑條白粉蝶、黑鳳蝶、美姝鳳蝶等，則喜愛日陰與日照交錯的地方。昆蟲是變溫動物，一接受太陽的熱能以後，體溫就會逐漸上升。所以熱能吸收率高的暗色蝴蝶，就會盡量避開日照。在記錄昆蟲種類的同時，也要將發現時的地點與環境清楚寫下來。

昆蟲都會找上特定的植物

這樣調查下來，就可以了解某種昆蟲喜愛的環境，以及牠們當成食物的植物種類了。反過來，如果要尋找昆蟲的時候，只要先找到植物即可，而且比起在廣大的範圍裡尋找昆蟲，要輕鬆多了。接下來所舉的例子，是依蝴蝶種類選擇的食用植物（給幼蟲當食物的植物），這些只是很少的一部分，你也可以自己去調查看看吧。

白粉蝶、黑條白粉蝶、黃鉤粉蝶……………………………… 十字花科

荷氏黃蝶、黃紋粉蝶…………………………………………… 豆科

鳳蝶、黑鳳蝶、烏鴉鳳蝶……………………………………… 芸香科

眼蝶亞科類……………………………………………………… 禾本科

此外，有些蝴蝶的食用植物僅限於幾種植物，而也有只吃一種植物的蝴蝶，例如日本國內蝴蝶中的大紫蛺蝶，只食用朴樹這一種植物。

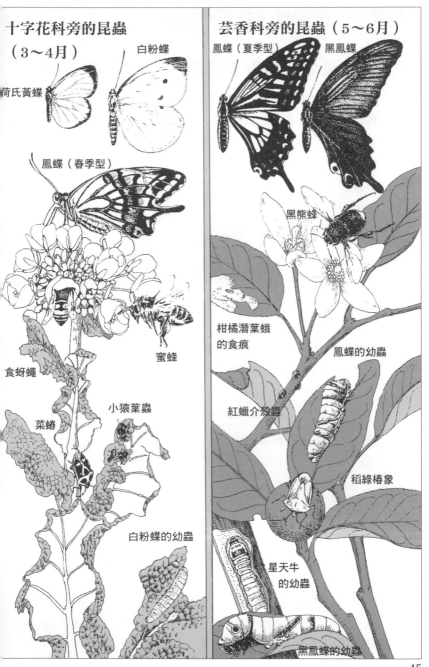

十字花科旁的昆蟲
（3～4月）

荷氏黃蝶

白粉蝶

鳳蝶（春季型）

蜜蜂

食蚜蠅

菜蟋

小猿葉蟲

白粉蝶的幼蟲

芸香科旁的昆蟲（5～6月）

鳳蝶（夏季型）　黑鳳蝶

黑熊蜂

柑橘潛葉蛾
的食痕

鳳蝶的幼蟲

紅蠟介殼蟲

稻綠椿象

星天牛
的幼蟲

黑鳳蝶的幼蟲

45

蝴蝶——調查牠們喜愛的顏色吧

蒲公英旁的蝴蝶、杜鵑花旁的蝴蝶

調查一下蒲公英花旁的蝴蝶吧。在住家附近飛舞的有黑條白粉蝶、藍灰蝶、琉璃小灰蝶、鳳蝶等，而在田野附近飛舞的則是白粉蝶、黃紋粉蝶、黃鉤蛺蝶、紅灰蝶等。那麼，杜鵑花旁又是什麼呢？靜待一會兒，又黑又大隻的黑鳳蝶、烏鴉鳳蝶、美姝鳳蝶等紛紛出現了。然而就算附近有白粉蝶飛過，但牠似乎不知杜鵑花在這兒便飛過去了。這到底是為什麼呢？右圖的實驗，就為了確定這一點。

調查蝴蝶喜愛顏色的實驗

實驗的地點，要選在花朵盛開、蝴蝶飛舞的場所。在厚紙板上塗上顏色或貼上色紙，分別放置在相距1～2公尺的地方。這麼做會造成什麼樣的結果呢？根據所做的實驗，可以得知白粉蝶或黑條白粉蝶等粉蝶科，完全不會接近紅色的紙板。人類接收光的波長，可以看見紅、橙、黃、綠、藍、靛、紫等顏色，但是還有我們眼睛所看不到的，例如比紅光波長還長的紅外線，比紫光波長還短的紫外線等。白粉蝶對紅光沒有反應，是因為牠們看不見包括紅光等波長較長的顏色。

蝴蝶眼中所看到的世界

雖然看不見波長較長的紅色，白粉蝶卻能看見我們所看不到的紫外線。而且雄蝶似乎能夠靠著紫外線去分辨出雌蝶。用我們的肉眼，要分辨白粉蝶的雌雄是很困難的，然而只要透過紫外線過濾器來進行拍照後，就能發現雄蝶是黑的，而雌蝶是白色的，區分得非常清楚。這是從蝴蝶的眼中所看見的世界。

實驗① 在有許多花朵的地方，放置各種顏色的紙板吧

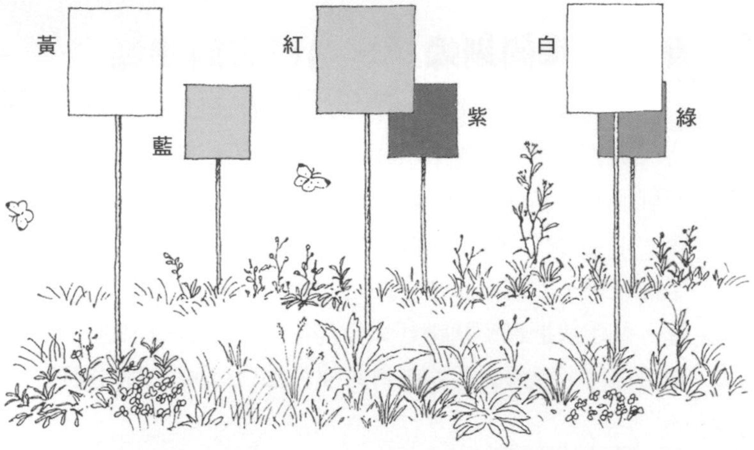

黃　　　　　紅　　　　　　　　白

藍　　　　　　　紫　　　　　綠

實驗② 芸香科旁的鳳蝶會喜歡什麼顏色，
　　　調查看看吧

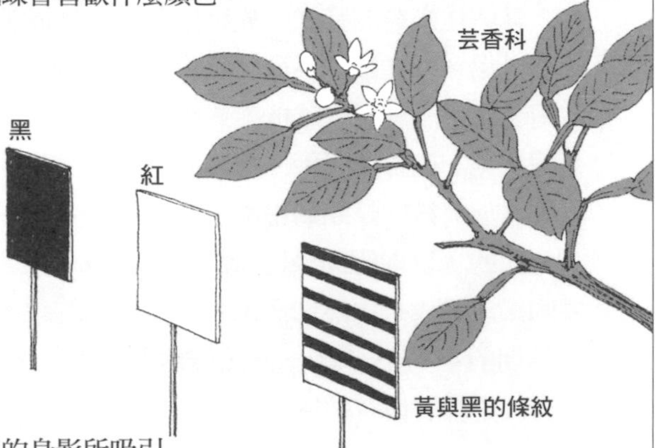

芸香科

黑

紅

黃與黑的條紋

實驗③ 蝴蝶會被同伴的身影所吸引
　　　還是會受到氣味吸引

把用網子捕捉到的蝴蝶放在
培養皿（或透明的容器）裡

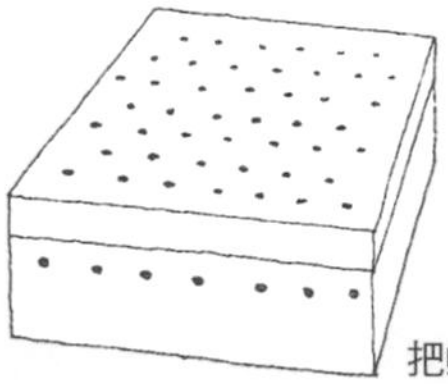

把蝴蝶放入戳了
小孔的盒子裡

47

蝴蝶——採集並就近觀察吧

捕捉的地點與方法

先找到蝴蝶會出現的地點 ①有花蜜或樹液等蝴蝶食物的地方（蝴蝶也會為了喝水來到河邊） ②食用植物旁邊。這裡會有從蛹羽化成蟲的雌蝶，也有為了求偶而前來尋覓伴侶的雄蝶，這是尋找蝴蝶的重點。當牠們停留在花朵或地面上時，用手抓住網子的底部，從上方迅速蓋下。如果捕捉到飛行中的蝴蝶，要趕快把網子扭轉起來擋住出口。就算蝴蝶逃走了，也要耐心等待。鳳蝶科與粉蝶科大部分都會以同樣的路線飛行。

拿起來觀察

當網住蝴蝶的時候，先別急著用手抓牠們，因為蝴蝶非常容易受傷。要從網子外面先抓住蝴蝶的胸部，接著再拿開網子。用手拿近一點看，就能對蝴蝶有進一步了解。包括翅膀的花紋與顏色、軀幹的粗細、觸角的形狀。如果手邊有放大鏡，就仔細看放大後的蝴蝶鱗粉吧。不管看幾次，翅膀的花紋都是非常美麗的。日本的蝴蝶約有250種。每一種翅膀的花紋都各自不同，這代表大自然創造出250種不同的紋樣呢。也看看翅膀內外側的不同吧。哪一邊比較華麗，哪一邊又比較樸素呢？還有，翅膀有沒有破掉呢？

回到家一定要做筆記

雖然你也可以現場記錄下來，但因為有各種蝴蝶在飛舞，光要捕捉就很忙了，更何況要做筆記。趁著當天記憶還很鮮明的時候，一回家就要馬上寫下 ①採集地點 ②時間 ③周遭狀況 ④停留植物的名稱。如果不知道名稱，就把特徵寫下來。在這頁所說的採集方式與記錄方法，也可以應用在其他昆蟲上。

①迅速揮動網子，把蝴蝶捉進去

②就這樣直接把網子往上揚

③扭轉一圈避免
蝴蝶逃跑

如果是靜止
的蝴蝶，就
用網子從上
方蓋下去

在草叢中的昆蟲，把網子用撈的
方式捕捉

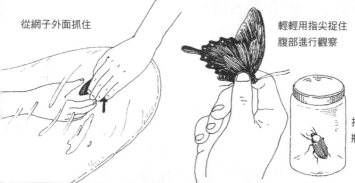

從網子外面抓住

輕輕用指尖捉住
腹部進行觀察

把甲蟲放進
瓶子裡觀察

49

身邊看得到的蜂類

住家附近的蜂類

　　庭院中常見的日本女貞與水蠟樹開花時，經常會有小隻蜂類在花邊飛舞。全身覆蓋著黃色毛的這種小蜂，稱為熊蜂，幾乎不會螫人，甚至可以停在指尖上，一點都不怕人。但住家周遭也會有那些危險會螫人的虎頭蜂，有時胡蜂也會來築巢。有關這些蜂類會在哪些地方、築出什麼形狀的蜂巢，請你都記錄下來吧。這麼一來就會知道牠們是從那個部分開始築巢的。在你觀察蜂巢的時候，千萬別靠得太近。胡蜂是最危險的蜂類，被螫到有可能會導致死亡。

觀察蜂類飛行的高度

　　在昆蟲界中，蜂的種類也是非常多。身長小至1公釐，大至4～5公分等各種都有。容易觀察到蜂類的地點是空地或河岸邊。請決定好觀察地點，並定期出門吧。只要追逐著蜂類的行蹤，就能明白蜂類依種類的不同，飛行高度也會不盡相同。右頁的圖，是在日本橫濱市郊外的原野上所做的記錄。請你在自己選好的地點，持續進行觀察吧。

捕捉時，要非常小心

　　要就近觀察蜂類，就必須用網子進行捕捉，可是一定要非常小心。因為雌蜂擁有由產卵管特化而來的毒針，用網子捉住要移到瓶子裡時，有時會不小心被螫到。被捉住的蜂，因為感覺到危險而會變得特別激動，所以要小心翼翼並迅速地將牠們移到瓶子裡。蜂屬於膜翅目昆蟲（與螞蟻相同），其特徵為擁有膜般的翅膀，而大多數的腹部末端都會變細變窄。請仔細觀察牠們的體色、外觀及大小。

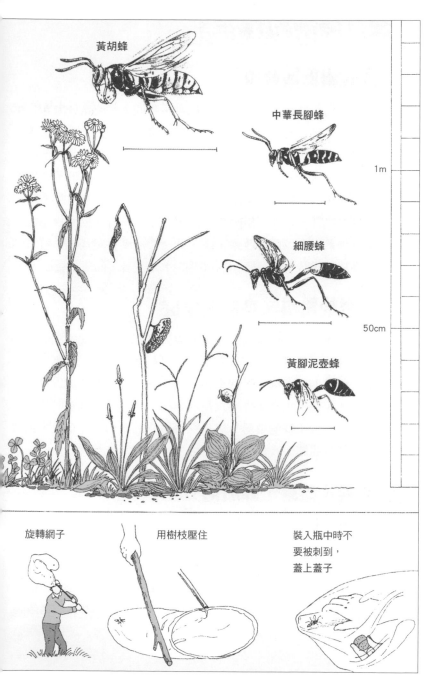

黃胡蜂

中華長腳蜂

細腰蜂

黃腳泥壺蜂

1m

50cm

旋轉網子

用樹枝壓住

裝入瓶中時不
要被刺到,
蓋上蓋子

蜜蜂——牠們的社會生活

將花蜜製成蜂蜜

　　一提到蜜蜂，首先就會想到蜂蜜。我們人類將富含醣類、維他命、礦物質的蜂蜜用來作為食物。春天時，只要在油菜花、蒲公英、春飛蓬、櫻花前等待，就會有蜜蜂飛來。蜜蜂不會找上紅花，理由與粉蝶（46頁）相同。儘管我們摘下花朵舔舔看花蜜，也不覺得有多甜，可是變成蜂蜜後卻又變得那麼甜，到底是為什麼呢？那是因為採集了花蜜的蜜蜂，回到蜂巢後，與同伴們相繼以口器傳遞花蜜，此時濃度就會變高了。接著儲存在巢房中時，也同樣因為蜜裡的水分蒸發，而變得更濃了。

蜜蜂的窩巢，是個大家庭

　　在日本，有利用樹洞做蜂巢的東方蜜蜂，以及從歐洲引進的西方蜜蜂。養蜂業者飼養的蜜蜂，是經過改良可以用來大量採集花蜜的西方蜜蜂。一個巢箱裡面，就是一個擁有數以萬計蜜蜂的大家庭。工整並排的六角形巢房，分為儲存蜂蜜與花粉的巢房、養育工蜂的巢房，以及養育雄蜂的巢房。在春天，則會做出讓蜂后繁衍養育後代的巢房。

工蜂、雄蜂、蜂后的分工

　　蜜蜂中各自負責的工作如下所示：

工蜂　清理蜂巢、照顧幼蟲、收集花蜜與花粉。全部都是雌性，壽命約1個月。

雄蜂　負責與蜂后交配。壽命約1個月。

蜂后　負責產卵。與其他蜂巢的雄蜂在空中交配之後，回到蜂巢每天每天不停地產卵。壽命約2～4年。

蜜蜂

採集花蜜的工蜂

與同伴用口傳遞花蜜後，放進巢房內。滿了之後分泌蜂蠟，將巢室蓋住密封

將花粉做成丸狀，放在後腳運送回蜂巢

採集花蜜的工蜂與照顧蜂巢的工蜂，是不同的蜜蜂

工蜂

蜂后

將卵1個1個分別產在巢房內

雄蜂

完成交配的雄蜂，會被趕出蜂巢而死亡

蜂后的巢房稱為王台。從王台孵育出的蜂后們彼此鬥爭，存活下來的1隻就會成為新的蜂后。原來的蜂后，會帶走約半數的工蜂，到別的地方重新築巢。

卵會在第3天孵化出幼蟲

工蜂會餵養幼蟲

以蜂蠟蓋住密封後，幼蟲會在裡面成為蛹

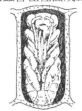

產卵後第3週便會羽化出巢

工蜂

蜂——神奇的築巢

群居的蜂與獨居的蜂

　　蜜蜂擁有各自負責的工作，進行著社會化的生活，是無法單獨生存的蜂類。胡蜂、細黃胡蜂、長腳蜂雖然不像蜜蜂的社群那麼大，但也屬於群體生活。這些都是群居的蜂類代表，而其他蜂類則幾乎都是單獨生活。

胡蜂與長腳蜂的築巢

　　一到春天，在前一年交配並受精的雌蜂，便會開始築巢。築巢的材料，是把樹皮與朽木咬碎後，再以唾液組成。當六角形的巢房增加後，雌蜂就會把卵產在裡面。由卵孵化出的幼蟲，吃母蜂帶回來的毛毛蟲（蝴蝶或蛾的幼蟲）肉丸子而長大。當牠們化為成蟲的蜂後，雖然全部都是雌性，卻是沒有生育能力的工蜂。蜂巢從這時候開始逐漸變大，蜂后持續地產著卵，工蜂的數量也越來越多。到了秋天，就會產下雄蜂與有產卵能力的雌蜂。雌蜂離開蜂巢後，會與其他蜂巢的雄蜂交配，度過冬天後，於次年春天開始另築新巢。而雄蜂則會在與雌蜂交配之後就死亡。

獨居蜂類的有趣築巢

　　來觀察單獨生活的蜂類吧。切葉蜂正如其名，會切下葉子運到竹筒洞穴中，製作哺育幼蟲的巢房，並在巢房中囤積用來飼育幼蟲的花粉，之後產下蟲卵。角戎泥蜂與黃緣蝶嬴等蜂，會把蛾的幼蟲麻痺後，放入泥土做的產室當作餌食，並在產卵後用泥土把入口封起來。另外還有在地面挖洞，把麻痺後的蛾幼蟲放進去並在上面產卵，接著把入口塞住的細腰蜂類等。

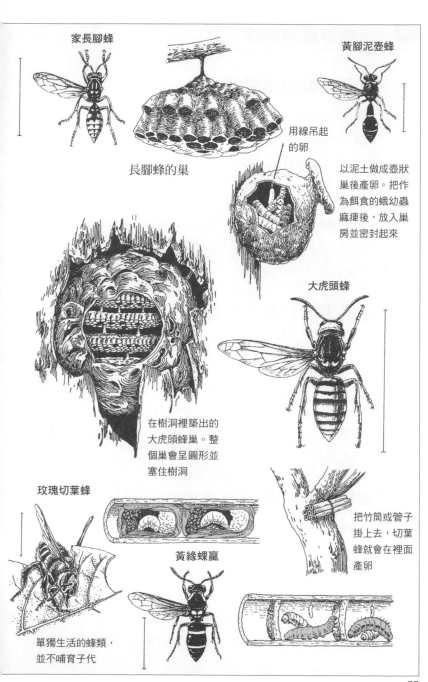

家長腳蜂

黃腳泥壺蜂

用線吊起的卵

長腳蜂的巢

以泥土做成壺狀巢後產卵。把作為餌食的蛾幼蟲麻痺後，放入巢房並密封起來

大虎頭蜂

在樹洞裡築出的大虎頭蜂巢。整個巢會呈圓形並塞住樹洞

玫瑰切葉蜂

黃緣蜾蠃

把竹筒或管子掛上去，切葉蜂就會在裡面產卵

單獨生活的蜂類，並不哺育子代

55

蟬——鳴叫聲與蟬蛻

調查蟬鳴的時間吧

　　夏天，到處都可以聽見蟬的鳴叫聲，但蟬是從何時開始鳴叫的呢？所謂蟬的初鳴之日，南北地區並不一樣，而平地與山區也有差別。如果在一天之中，記下蟬的鳴叫時間，就能獲得一些有趣的資料。究竟油蟬是從幾點叫到幾點呢？蟪蛄又是怎樣呢？把這些結果做成圖表的話，可以發現依種類不同，蟬的鳴叫時間也不一樣，其中卻有些會在同樣的時間開始鳴叫。你自己居住的地區又是如何呢？這項需要花費時間的調查，是暑假期間很好的研究主題哦。

住家附近看得到的蟬

　　在日本的蟬約有30種，而其中能在平日的住家附近、低海拔山區見到的，有以下幾種。體形由大至小排列，依序為熊蟬、油蟬、鳴鳴蟬、暮蟬、寒蟬、蟪蛄。平常看到這6種蟬的機會最多。此外在有些地方，還可以看到裸蟬、春蟬、蝦夷春蟬、姬蟬等。無論哪種蟬，都會待在有高大樹木生長的地方。調查一下什麼樣的樹上會有哪些種類的蟬吧。

來收集蟬蛻吧

　　仔細看看樹幹或草葉背面前端部分，可以發現蟬蛻哦。一根樹幹上，還可能收集到好幾個蟬蛻。因為蟬蛻很容易破損，所以要放進小盒子或鋪有面紙的小箱子裡帶回家。如果找到上面有蟬蛻的樹，接下來要每隔2、3天定期前往，調查蟬蛻的數目，那麼應該就能了解蟬最多會在什麼時間羽化。至於發現蟬蛻的地方，也要測量從地上算起的高度，並記錄下來。

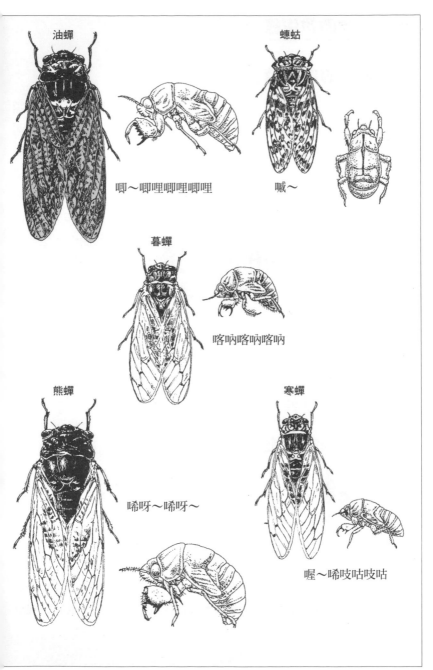

油蟬

唧～唧哩唧哩唧哩

蟪蛄

喊～

暮蟬

喀吶喀吶喀吶

熊蟬

唏呀～唏呀～

寒蟬

喔～唏吱咕吱咕

57

短暫的成蟲時代

我們所見的蟬，成蟲的壽命約為2週。所以整個夏天並不是同一隻蟬持續叫個不停。在這麼短暫的時間裡，雄蟬藉由鳴叫吸引雌蟬並交配。過了一段時間，雌蟬便會停在枯枝等地方開始產卵。雌蟬身體的尾部有根產卵管，產卵管前端有刻紋，能像鑽頭一樣在樹枝上挖洞，並在洞裡產下蟲卵。雌蟬一旦產卵完畢，便會死亡。

漫長的幼蟲時代

卵的孵化時間依蟬的種類而不同。孵化後的1齡幼蟲，會落到地面上，並鑽進土裡。之後就會在土裡靠著吸食樹根的汁液成長，反覆蛻皮。等長為5齡（終齡）幼蟲後，便即將羽化了。潛伏在土壤中的時間，依蟬的種類而有所不同，有2年至7年很大的差距。想想從孵化之後去算蟬的一生，雖然看似很長，但實際上能在藍天下飛舞的時間，卻非常短暫。

來觀察羽化吧

羽化多在傍晚至夜間的時段進行。5齡幼蟲從洞裡觀察四周，確認沒有危險之後便爬了出來。這時全身都是泥土。接著用爪子固定在樹幹上，開始往上爬。等找到喜愛的地方時，便會停下來開始羽化。背部裂開的羽化過程很令人感動。如果想要看蟬的羽化，就要找到有很多蟬鑽出洞來的地方，並在傍晚出來尋找5齡幼蟲吧。走動的時候，小心不要驚擾到幼蟲，安靜的看著牠們就好。從開始羽化到能夠飛行，大約需要2個小時的時間。

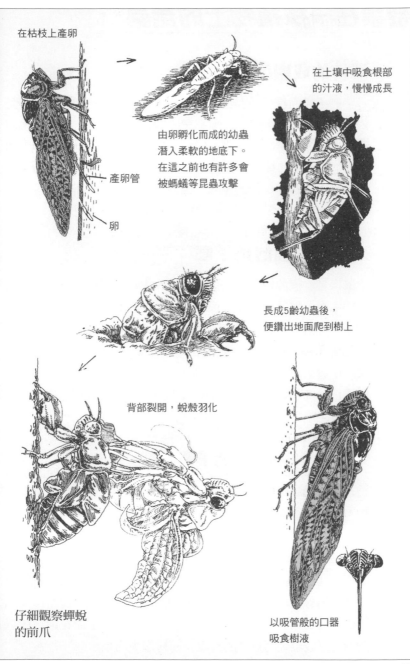

在枯枝上產卵

產卵管

卵

由卵孵化而成的幼蟲
潛入柔軟的地底下。
在這之前也有許多會
被螞蟻等昆蟲攻擊

在土壤中吸食根部
的汁液,慢慢成長

長成5齡幼蟲後,
便鑽出地面爬到樹上

背部裂開,蛻殼羽化

仔細觀察蟬蛻
的前爪

以吸管般的口器
吸食樹液

聚集在一株植物上的昆蟲

連葉子背面都仔細看看

要觀察昆蟲有兩種方法，一是去追蹤特定一個種類的昆蟲，另外就是選定某個地點，並觀察該地聚集的所有昆蟲。這兩種觀察方法都很重要，建議你同時並用。那麼，在觀察聚集在植物上的昆蟲時，雖然靠近花的昆蟲比較顯眼，但也要知道連葉子與莖上都有許多種的昆蟲。牠們多半會躲在葉子背面，所以別忘記翻開葉子、仔細看看莖部，把昆蟲找出來吧。

來查看酸模的葉子吧

酸模是一種蓼科多年生草本植物。生長在日照良好但有點潮溼的地方，常見於河堤上或田埂間。春天的時候，出門去尋找酸模吧。附著在葉背的白色小顆粒，是食蚜蠅科的卵，黃色的則是金花蟲的卵。還有幾隻正從蚜蟲身上吸取香甜汁液的螞蟻。至於瓢蟲，你能看到牠的卵、幼蟲、蛹或是成蟲。此外，酸模也是紅灰蝶的食物。每隔幾天前往一次，觀察牠們究竟有哪些變化吧。

來查看大葛藤的葉子吧

大葛藤是豆科植物，常見於野外山上及河堤邊，屬於藤蔓植物。它的葉子當然也成了許多種昆蟲的住家。如果像觀察酸模般來觀察大葛藤的話，一定會得到有趣的結果吧。調查完有哪些昆蟲後，再查看這些昆蟲之間的關係吧。牠們互助合作，或是彼此競爭，把一片葉子當成舞台的生物們，正上演著牠們的故事。另外在秋天至冬天這段期間，觀察八角金盤也不錯。因為既是身邊常見的植物，又晚至10～12月才是開花期，所以能看見以成蟲姿態越冬的昆蟲，紛紛聚集而來。

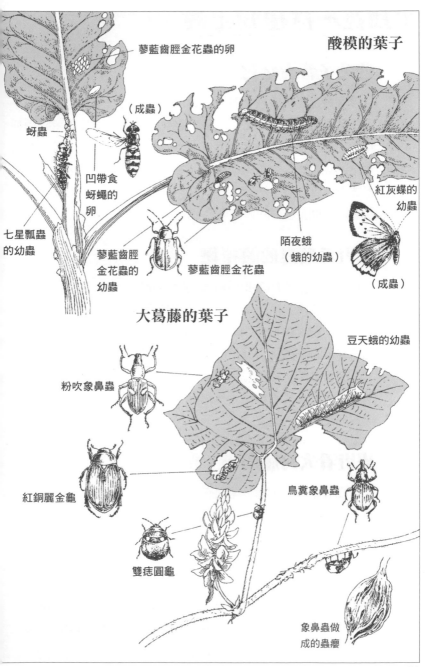

酸模的葉子

蓼藍齒脛金花蟲的卵

（成蟲）

蚜蟲

凹帶食蚜蠅的卵

七星瓢蟲的幼蟲

蓼藍齒脛金花蟲的幼蟲

蓼藍齒脛金花蟲

陌夜蛾（蛾的幼蟲）

紅灰蝶的幼蟲

（成蟲）

大葛藤的葉子

粉吹象鼻蟲

豆天蛾的幼蟲

紅銅麗金龜

鳥糞象鼻蟲

雙痣圓龜

象鼻蟲做成的蟲癭

61

尋找雜木林裡的昆蟲

享受季節的變化

　　雜木林，是非常適合進行一整年自然觀察的地點。春天時可以看見植物長新芽、冒出綠葉，昆蟲的幼蟲也同時逐漸成長苗壯。一到夏天，這裡就會變成昆蟲的寶庫。秋天至冬天，還能看見昆蟲如何做禦寒的準備以及過冬。讓我們到離家最近的雜木林去找找看吧。把雜木林當成自己的地盤，經常前去探看，就能做出更加豐富的自然觀察記錄哦。

找出昆蟲喜愛的植物

　　在雜木林中，有許多種類的植物。而昆蟲會在這裡面選出自己喜愛的植物，也就是能當成食物或能在上面產卵的植物。就如44頁所描述的一樣，如果打算要找到昆蟲，那麼首先找到昆蟲喜愛的植物就快多了，因為昆蟲與植物之間的關係，是很緊密的。枹櫟、麻櫟、栗、朴樹、赤楊、胡桃楸等樹上，以及木通、王瓜、菝葜等藤蔓植物上，昆蟲種類特別豐富，因此要仔細尋找哦。

找出隱藏的昆蟲

　　仔細尋找植物的葉、枝、莖幹等地方，一定會發現許多昆蟲。可是，有些昆蟲也會在意想不到的地方找到。例如落葉下方、土壤中、枯木下、樹洞裡，昆蟲會藏在這些乍看不會注意的地方。為了要尋找這些隱藏的昆蟲，就必須改變視線，稍微用點工具來觀察。為了要看清楚枯木裡面，一把能剝下樹皮的螺絲起子是有必要的。想想看昆蟲會不會就藏在這裡，並且開始動手尋找，這種心情會像尋寶一樣地令人雀躍不已哦。

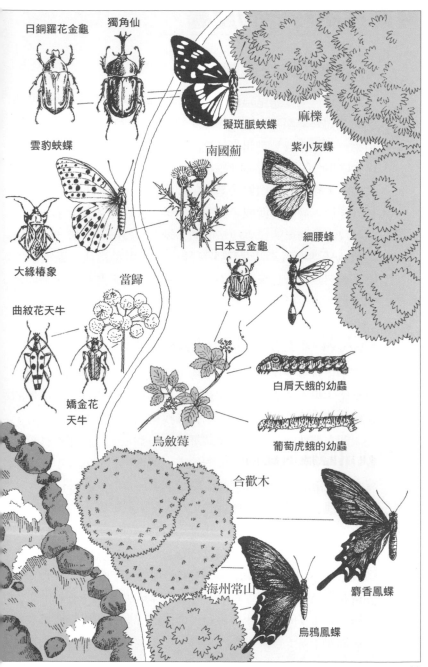

日銅羅花金龜　獨角仙

擬斑脈蛺蝶

麻櫟

雲豹蛺蝶

南國薊

紫小灰蝶

大緣椿象

日本豆金龜

細腰蜂

曲紋花天牛　當歸

嬌金花天牛

烏斂莓

白肩天蛾的幼蟲

葡萄虎蛾的幼蟲

合歡木

海州常山

麝香鳳蝶

烏鴉鳳蝶

63

聚集在樹液上的昆蟲

嚐嚐樹液的味道吧

以樹液為主食的昆蟲種類繁多。無論是獨角仙或鍬形蟲，牠們的食物幾乎都仰賴枹櫟或麻櫟的樹液。樹液是什麼？為什麼植物會滲出汁液？嚐起來又是什麼味道？樹葉靠著進行光合作用合成糖分，再將這些糖輸送到整株植物作為養分。如果在輸送途中，樹幹受到損傷，糖分便會滲出來。滲出的糖分在微生物的作用下發酵，就成了樹液。樹幹上的傷，大部分都是天牛科等以樹幹為巢的昆蟲所造成的。糖一旦發酵，就會變成酒精及醋。所以樹液通常是又甜又酸。請你用手指沾一點嚐嚐看吧。雖然我們嚐起來可能不覺得美味，但對於往樹液聚集而來的昆蟲而言，可是美味大餐哦。

白天與晚上都去同樣的地點吧

並不是所有受傷的樹幹，都會流出樹液來。會滲出樹液的只有特定的樹木，而且人為任意傷害樹幹也取得不到。大自然的運作，真是非常的巧妙。我們來尋找會自然滲出樹液的地方，並出門去觀察吧，在白天應該可以找得到哦。走在雜木林裡，找一找有金龜子或蝴蝶飛舞的地方。會滲出樹液的樹木，應該就在這不遠處。至於觀察的重點如下：

①白天裡，調查有哪些種類的昆蟲會往樹液聚集。

②能搶到最好位置的昆蟲，是哪一種呢？調查看看是不是依力量決定順位。

③晚上，約7點左右再度前往同樣的地點吧。夜晚又會有哪些昆蟲出現呢？也調查看看是不是依力量決定順位。

④找找看樹木的周圍，有沒有什麼東西想要獵捕以樹液為食的昆蟲呢？葉子背面也要注意哦。

白天

擬斑脈蛺蝶

大褐象鼻蟲

東方白點
花金龜

黃鉤蛺蝶

綠羅花金龜

指角蠅科

擬步行蟲

西氏叩頭蟲

日本高砂鋸鍬形蟲

東亞箬眼蝶

四星出尾蟲

四星大吸木蟲

獨角仙

參閱98頁及103頁

夜晚

65

獨角仙——獨角的強者

尋找滲出樹液的樹木

獨角仙是日本甲蟲中體形最大的，外形也非常強壯。白天牠們很低調，但太陽一下山就紛紛活躍起來。如果想找到獨角仙，可以到長有麻櫟或枹櫟的雜木林裡去尋找。白天先找好這些樹木滲出樹液的部位，到了晚上或隔天清晨再前往查看吧。獨角仙成蟲的食物，就是從樹幹傷口滲出的樹液。

了解獨角仙的一生

雄獨角仙與雌獨角仙會在滲出樹液的地方，相遇並交配。交配完畢後，雌獨角仙會潛進落葉或腐質土的下方產卵。沒有角的雌獨角仙，很容易鑽入柔軟的土中。雌獨角仙產完卵就直接死亡，而卵則會在2週後孵化。幼蟲吃腐質土慢慢長大，並反覆蛻皮度過了冬天。到了夏初，獨角仙離開地下變成蛹，這時距離牠們出生的時間大約1年了。只要了解牠們的一生，就知道要往腐質土裡或枯樹下尋找幼蟲。不過最近，要找到獨角仙已經不像過去那麼容易了。

觀察的重點

①獨角仙是以什麼方式吸取樹液的呢？捕捉後用放大鏡觀察口器的構造吧。
②觀察獨角仙飛行的模樣。翅膀是呈什麼狀態呢？
③雄獨角仙打架時，是如何使用牠們的角呢？
④捕捉後測量大小吧。獨角仙成蟲後，就不會再變大了。
⑤比較看看小獨角仙與大獨角仙之間，角的形狀有什麼差異。

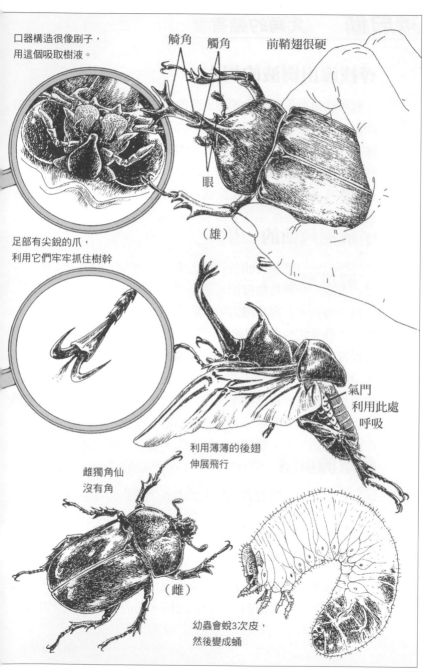

口器構造很像刷子，
用這個吸取樹液。

觭角　　觸角　　前鞘翅很硬

眼

（雄）

足部有尖銳的爪，
利用它們牢牢抓住樹幹

氣門
利用此處
呼吸

利用薄薄的後翅
伸展飛行

雌獨角仙
沒有角

（雌）

幼蟲會蛻3次皮，
然後變成蛹

鍬形蟲——大顎的擁有者

尋找滲出樹液的樹木

鍬形蟲與獨角仙一樣，是天黑後才開始活動的甲蟲。成蟲的食物，同樣也是樹液。住在有麻櫟、枹櫟、栗樹等生長的雜木林裡。請先在白天找到分泌樹液的樹木，到了晚上或隔天清晨再前往查看，不難見到鍬形蟲與獨角仙都聚集在同種樹液附近。此外，也有白天能抓到鍬形蟲的方法。多數鍬形蟲都會在樹上休息，只要搖晃一下樹木，鍬形蟲受到驚嚇把腳一縮，就掉到地上了。

了解鍬形蟲的一生

日本境內大約有30種鍬形蟲，可以用體形大小及大顎的形狀來區分。體形最大的日本大鍬形蟲，因被過度採集，最近要找到牠們已經變得很困難了。其他的昆蟲也是一樣，如果大家還是繼續不斷地濫捕，就會漸漸消失，這一點一定要牢記。雄鍬形蟲與雌鍬形蟲會在滲出樹液的地方相遇並交配，接著雌鍬形蟲會在枯樹裡產卵。這些枯樹都是麻櫟或枹櫟。孵化後的幼蟲會吃枯樹長大，變成蛹之後羽化。至於幼蟲是如何生活的，需要花費幾年才能轉為成蟲等，目前都還無法清楚得知。

觀察的重點

①鍬形蟲是以什麼方式吸取樹液的呢？捕捉後用放大鏡觀察口器的構造吧。

②捕捉後測量大小。小鍬形蟲與大鍬形蟲，牠們的大顎形狀有什麼不同？

③雄鍬形蟲打架的時候，觀察牠們使用大顎的方式。

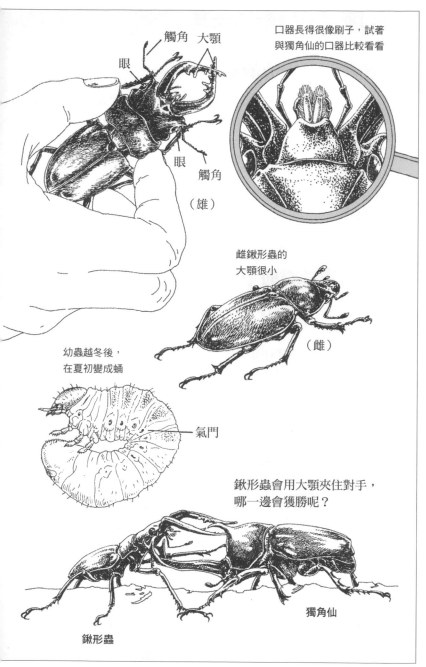

觸角　大顎

眼

眼

觸角

（雄）

口器長得很像刷子，試著
與獨角仙的口器比較看看

雌鍬形蟲的
大顎很小

（雌）

幼蟲越冬後，
在夏初變成蛹

氣門

鍬形蟲會用大顎夾住對手，
哪一邊會獲勝呢？

獨角仙

鍬形蟲

69

日銅鑼花金龜與鰓角金龜——哪裡不同呢

生物分類上的位置

兩者之間的大小大致相同，外形和光澤也一樣，所以日銅鑼花金龜與鰓角金龜常常會被搞錯。到底它們之間哪裡相似，又哪裡不同呢？牠們在生物上的分類如下：

飛行方法有所不同

總之，日銅鑼花金龜是屬於鞘翅目金龜子科花金龜亞科的昆蟲。所以不管是日銅鑼花金龜還是鰓角金龜，都屬於金龜子科。牠們的身體構造非常相似，可是，比較兩者間的飛行方式，日銅鑼花金龜是閉著前翅飛行的，花金龜也是這樣。而鰓角金龜卻是把堅硬的前翅展開飛行。所以只要看看牠們飛行的樣子，就能立刻區別出是日銅鑼花金龜或鰓角金龜了。

來觀察甲蟲的飛行方式吧

其他的甲蟲，又是用什麼樣子的方式飛行呢？獨角仙的飛行方式，比較像日銅鑼花金龜還是鰓角金龜呢？鍬形蟲又是如何？與蜜蜂或蝴蝶相比之下，幾乎所有甲蟲的飛行都比較笨拙。因為前翅很堅硬，所以只靠伸展後翅就要立刻飛起或急速改變方向，是很不容易的。在觀察前來樹液聚集的甲蟲時，也試著注意牠們停飛的方式吧。可以發現獨角仙或鍬形蟲在停落時，幾乎要撞上樹幹似的。

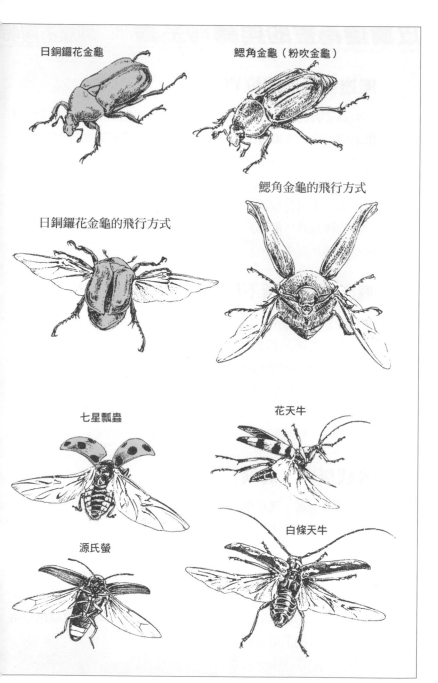

日銅鑼花金龜

鰓角金龜（粉吹金龜）

鰓角金龜的飛行方式

日銅鑼花金龜的飛行方式

七星瓢蟲

花天牛

源氏螢

白條天牛

以糞便為食的昆蟲

搬運糞便的美麗甲蟲

讀過法國昆蟲學家法布爾所寫的《昆蟲記》的人，應該會記得用滾動方式來搬運糞便的聖甲蟲（神聖推糞金龜）吧。古代的埃及人，認為這種昆蟲所做的糞球代表了世界，所以昆蟲中有太陽神的存在，而將牠視為神聖之物，稱牠為聖甲蟲。雖然很可惜日本沒有聖甲蟲，但卻有掘地金龜、臭蜣螂、糞金龜等同科的伙伴們。從名字可以得知這些昆蟲都是金龜子的同伴，統稱牠們為糞金龜。

糞金龜的生活

糞金龜會把鹿、牛、猴子等動物的糞便，運回在土裡做好的巢穴中，然後在巢穴裡做出比自己身體還大的糞球。雌糞金龜會在每一個糞球裡各產下一顆卵，並不斷保持糞球的清潔。這時的糞球並不會臭。孵化後的幼蟲靠著食用糞球長大，最後變成蛹，然後羽化。這段期間大約2～3個月。糞球依糞金龜的種類不同，分別有圓球、長西洋梨等不同形狀。

尋找糞金龜

要找糞金龜，就要去有動物糞便的地方，也就是有鹿、牛、猴子等活動的地方。最快的方法是直接到牧場去，那裡既然有牛糞，應該就能找到臭蜣螂或直蜉金龜吧。時間上，選在糞金龜築巢的6月至8月最好。找尋時，先準備好鑷子和工作手套會方便許多。糞金龜中顏色最漂亮的，就屬大掘地金龜了，全身有綠色、紫色、琉璃色，並且散發出金屬光澤。糞金龜，可算是自然界的清道夫哦。

銳胸角鋪糞蜣的築巢

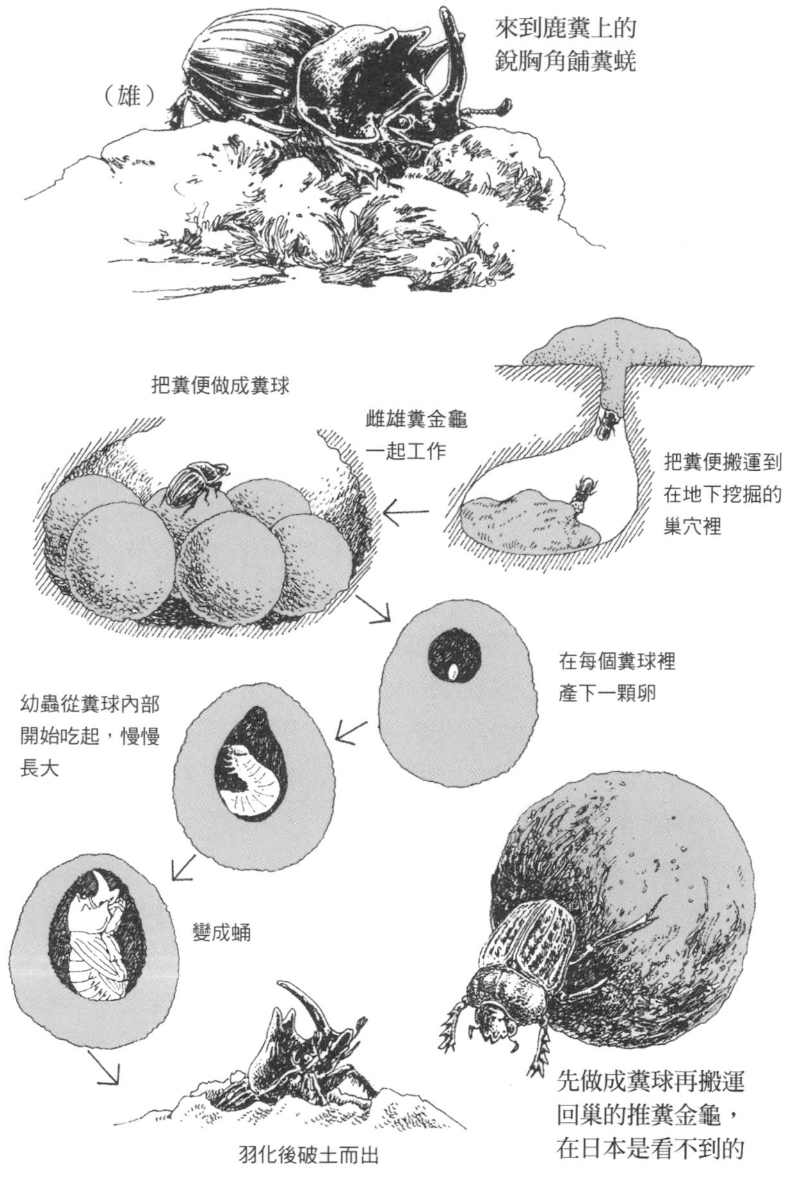

來到鹿糞上的
銳胸角鋪糞蜣

（雄）

把糞便做成糞球

雌雄糞金龜
一起工作

把糞便搬運到
在地下挖掘的
巢穴裡

在每個糞球裡
產下一顆卵

幼蟲從糞球內部
開始吃起，慢慢
長大

變成蛹

羽化後破土而出

先做成糞球再搬運
回巢的推糞金龜，
在日本是看不到的

製造蟲癭的昆蟲

昆蟲寄生而形成蟲癭

走在樹林裡，仔細注意一下樹葉，有時會看到長得很奇怪的葉子。有些是萎縮的，有些又像膨脹長瘤一般，看起來就像得了什麼怪病似的葉子。其實這些都是被癭蜂、癭蚋、蚜蟲等昆蟲或蟎等寄生的葉子。這些昆蟲，在準備給幼蟲當食物的芽或葉子上產卵，而植物受到這樣的刺激，就會萎縮或膨脹。我們把這些變形的部分稱為蟲癭。

只有雌性就能繁衍後代的栗癭蜂

幾乎所有寄生在植物上的昆蟲，都是在春季至夏季之間產卵的。寄生在安息香科的蚜蟲，大約在5月產卵，到了7月就會變為成蟲出現。不過在癭蜂類中，也有些是在幼蟲狀態下越冬，隔年春天才變為成蟲。寄生在栗樹上的栗癭蜂就是其中一例。栗癭蜂是體長約3公釐的小蜂類，是源於歐洲的外來種，令人驚訝的是，牠只靠雌蟲進行單性生殖，到目前為止，還沒有人發現過雄栗癭蜂。梅雨季一結束，牠們就會在栗樹新長的嫩芽上產卵，孵化後的幼蟲直接越冬，但從葉芽外觀來看，並沒有什麼特別的變化。到了春天，當其它新芽正在伸展之時，被產下蟲卵的葉芽就會像腫瘤一樣變形。到了6月栗癭蜂羽化出來也全都是雌性。年年被栗癭蜂寄生的這些栗樹，最後都會枯死，所以栗癭蜂對於栗樹來說是很嚴重的害蟲。散步時如果發現了蟲癭，可以從當時的季節及蟲癭的大小，去推測幼蟲目前的狀態。為了進行確認，試著用美工刀切開一個看看吧。因為幼蟲或蛹都非常小，要仔細深入地尋找，然後再用放大鏡來觀察吧。

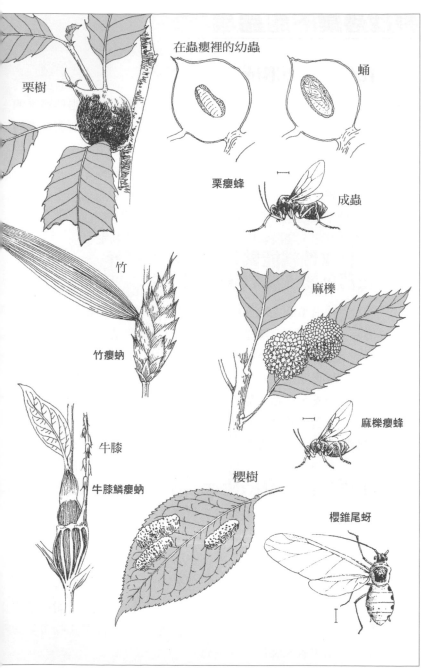

栗樹

在蟲癭裡的幼蟲

蛹

栗癭蜂

成蟲

竹

竹癭蚋

麻櫟

麻櫟癭蜂

牛膝

牛膝鱗癭蚋

櫻樹

櫻錐尾蚜

尋找落葉下的昆蟲

在落葉、朽木、石頭下尋找

把你的視線移到腳下及地面上吧！樹林裡，特別是落葉喬木林的地面上，總是覆蓋著各種植物的落葉。試著把層層覆蓋的落葉撥開，用手摸摸看吧，應該有潮溼的觸感。落葉就好像我們冬天所穿的大衣一樣，負責保持土壤的溫度。所以在落葉下，也會居住著許多喜愛溼氣的生物們。如果有朽木或石頭，它們底下更是生物們的絕佳隱居場所。讓我們翻起落葉，移開朽木或石頭，找找看那裡到底有什麼樣的生物吧。

在落葉變成腐質土之前

為了吃落葉而在地面爬行的生物，包括蝸牛、蛞蝓、潮蟲、馬陸等。牠們主要都是在夜間活動，因為不喜愛乾燥環境，所以白天都躲在落葉、朽木、石頭的底下。此外還有蚯蚓、昆蟲的幼蟲等會吃落葉，並向下挖土來擴大地下行動範圍。因為生物食用落葉，讓落葉越來越細小，最後靠著微生物或菌類的分解，而化為營養豐富的腐質土。腐質土為黑色，觸摸的話會覺得有點溫暖。

在雜木林裡設陷阱吧

靠食用落葉維生的生物也有天敵，包括了步行蟲、埋葬蟲、垃圾蟲，以及蜘蛛、蒼蠅的幼蟲（蛆）等。在雜木林裡設個陷阱，觀察有哪些生物吧。傍晚時先設下陷阱，隔天早上再來看就可以了。此外，要調查潛入落葉下方的微生物時，可以使用右頁的裝置。把落葉放進網子後，上方用燈泡照射，記住不要使用日光燈。為了逃離燈的光線與熱源，裡面的微生物會紛紛落下。請用放大鏡好好觀察吧。

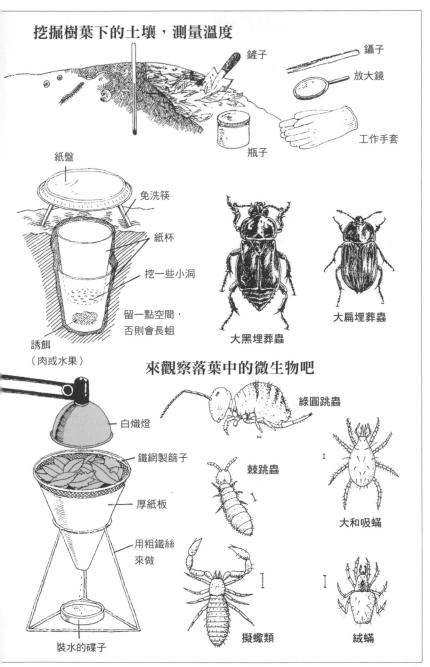

挖掘樹葉下的土壤，測量溫度

鏟子
鑷子
放大鏡
工作手套
瓶子

紙盤
免洗筷
紙杯
挖一些小洞
留一點空間，否則會長蛆
誘餌
（肉或水果）

大黑埋葬蟲
大扁埋葬蟲

來觀察落葉中的微生物吧

白熾燈
鐵網製篩子
厚紙板
用粗鐵絲來做
裝水的碟子

綠圓跳蟲
棘跳蟲
大和吸蟎
擬蠍類
絨蟎

77

尋找躲起來的昆蟲

為了瞞過敵人的眼睛而隱藏身體

有些昆蟲的姿態與形貌，讓我們乍看之下完全找不到牠們在哪裡。很像細小樹枝的竹節蟲或尺蠖（尺蛾科的幼蟲）、很像枯樹葉的枯葉蛺蝶、很像樹幹花紋的柿癬皮夜蛾等，當這些昆蟲靜止不動的時候，我們就會很容易忽略牠們。而中華劍角蝗在綠色草地上的時候，身體會呈綠色，待在枯草上的時候，身體就會呈現茶色，算是隱身好手。為什麼牠們能夠擁有融入四周環境的體形樣貌呢？一般認為最重要的理由，還是為了瞞過天敵的眼睛。牠們的天敵大多是螳螂這種肉食性昆蟲、兩棲類、鳥類等，所以讓自己的顏色或形狀不那麼顯眼，應該就能降低被襲擊的機率。

為了讓天敵一眼看見而保護自己

有些昆蟲假扮成敵人不關心的東西來保護自己，相對的有些昆蟲則是假扮成敵人討厭的顏色或形狀，並藉由顯眼的方式來自我防衛。例如因為蜜蜂會螫人，所以鳥兒討厭捕食蜜蜂。因此只要姿態、體形都像蜜蜂的話，就能躲避鳥兒的獵捕。天牛科、蛾科等有許多種類都很像蜜蜂。而虎天牛或透翅蛾科的同類不只體形顏色，連動作型態都很像蜜蜂。

為了捕獲獵物而假扮成某種東西

假扮成某種東西，有一個比較專門的說法叫「擬態」。昆蟲有時候不只是為了逃避天敵，也有為了捕獲獵物而進行擬態。東南亞特有種蘭花螳螂，長得就像一朵蘭花，會獵捕因誤認牠為蘭花而靠近的昆蟲。可惜的是，日本並沒有這種螳螂。

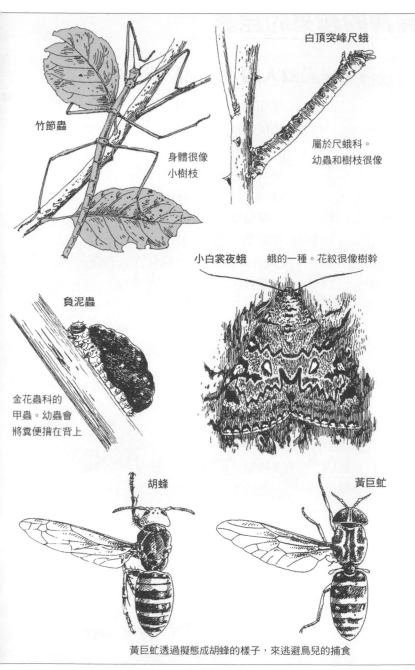

竹節蟲

身體很像
小樹枝

白頂突峰尺蛾

屬於尺蛾科。
幼蟲和樹枝很像

負泥蟲

金花蟲科的
甲蟲。幼蟲會
將糞便揹在背上

小白裳夜蛾　蛾的一種。花紋很像樹幹

胡蜂　　　　　　　　　黃巨虻

黃巨虻透過擬態成胡蜂的樣子，來逃避鳥兒的捕食

昆蟲的越冬

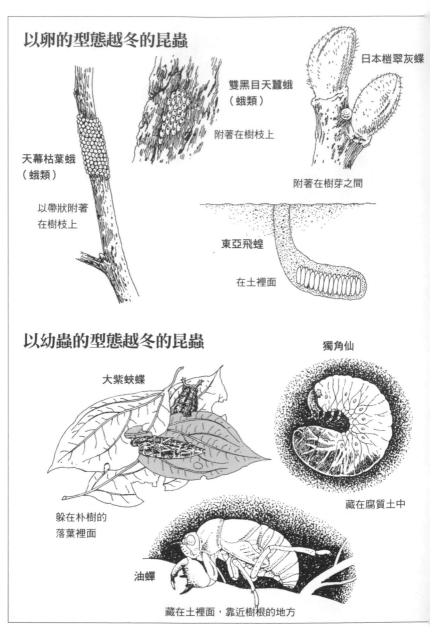

以卵的型態越冬的昆蟲

雙黑目天蠶蛾
（蛾類）

附著在樹枝上

日本橿翠灰蝶

附著在樹芽之間

天幕枯葉蛾
（蛾類）

以帶狀附著
在樹枝上

東亞飛蝗

在土裡面

以幼蟲的型態越冬的昆蟲

大紫蛺蝶

獨角仙

躲在朴樹的
落葉裡面

藏在腐質土中

油蟬

藏在土裡面，靠近樹根的地方

昆蟲們依種類不同，各自會以卵、幼蟲、蛹、成蟲的型態越冬。地點包括樹枝、朽木裡面或下方、土壤裡等等。請穿上暖和的衣服，出門去尋找吧。

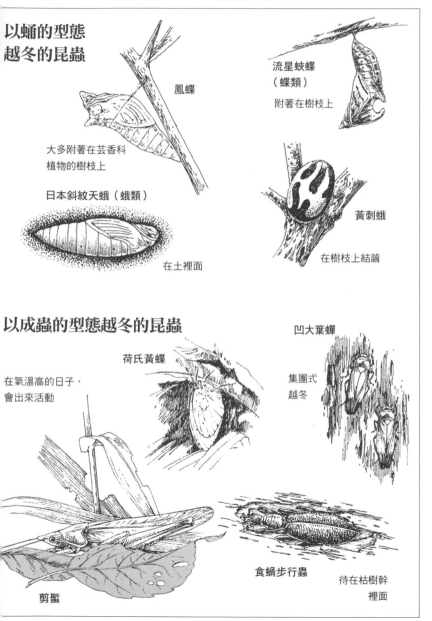

以蛹的型態越冬的昆蟲

鳳蝶

大多附著在芸香科植物的樹枝上

流星蛺蝶（蝶類）

附著在樹枝上

黃刺蛾

在樹枝上結繭

日本斜紋天蛾（蛾類）

在土裡面

以成蟲的型態越冬的昆蟲

在氣溫高的日子，會出來活動

荷氏黃蝶

凹大葉蟬

集團式越冬

食蝸步行蟲

待在枯樹幹裡面

剪螫

側耳傾聽蟲鳴聲吧

因季節與時刻而不同

在草叢、河岸、農田邊，以及庭院等各種地方都可以聽見蟲的鳴叫聲。一提到蟲鳴聲，你一定會馬上想到這是屬於秋天的風情，但只要注意一下，就會發現5月左右開始就已經能聽見蟲鳴聲了。會在秋天鳴叫的昆蟲，通常是以卵的型態越冬，在夏季成長，秋天成蟲，與5～6月會鳴叫的昆蟲種類不同。不只是季節，鳴叫的時刻不同，種類也都不相同。蟋蟀類大多會在傍晚或晚上鳴叫，但螽斯類如螽斯或姬螽等多在白天鳴叫。

蟋蟀與螽斯

會鳴叫的昆蟲的代表，就屬蟋蟀與螽斯兩類了。我們常常能夠聽見黃臉油葫蘆、日本鐘蟋、雲斑金蟋等蟋蟀類優美清澈的鳴叫聲。螽斯、大和螽斯、大和棘腳螽等螽斯類的鳴叫聲雖然較強而有力，但卻不像蟋蟀般清澈。比較兩者外觀，蟋蟀的背部較低，較為扁平，而螽斯背部較高，體細長。可以比較看看右頁與下一頁的圖片。看習慣了，就能立刻分辨兩者了。顏色方面，在草叢中活動的身體會呈綠色，而在土壤上活動的身體則呈茶色，會隨著周遭環境顏色不同而有所區別。

為了什麼鳴叫？

會鳴叫的只有雄性。這些大部分在夜間進行活動的昆蟲，要靠眼睛來找雌蟲並不容易。此時就要藉由高聲鳴叫，來吸引雌蟲主動靠近自己身邊。雖然主要目的是為了吸引雌蟲，不過只有雄蟲在的時候也會鳴叫，但這時鳴叫的方式又不同了。所以鳴叫有時也用在同伴間互相溝通上。

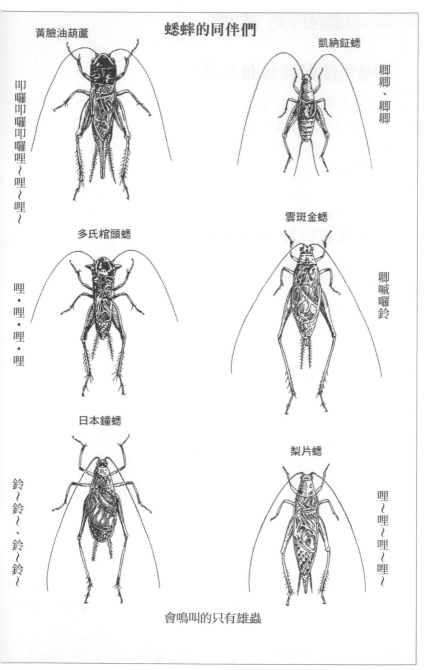

蟋蟀的同伴們

黃臉油葫蘆

叩囉叩囉叩囉哩～哩～哩～

凱納鉦蟋

卿卿、卿卿

多氏棺頭蟋

哩・哩・哩・哩

雲斑金蟋

卿喊囉鈴

日本鐘蟋

鈴～鈴～、鈴～鈴～

梨片蟋

哩～哩～哩～哩～

會鳴叫的只有雄蟲

觀察鳴叫的方式吧

鳴蟲的翅膀是弦樂器

以會鳴叫的昆蟲而言，前翅膀就是牠們的發音器。其中一邊的翅膀，就像小提琴的弓，而這把弓會去摩擦另一邊的翅膀發出聲音。當弓用的翅膀內側，有像沙紙一樣粗糙的線。捉到牠們的時候，請用放大鏡觀察一下。蟋蟀在鳴叫的時候，右邊的前翅會在上方，而螽斯則是左前翅在上方。

夜間觀察是有必要的

為了要觀察蟲兒們的鳴叫方式，就得捕捉牠們就近觀察。首先必須準備手電筒與透明的空玻璃瓶（也可以是塑膠瓶）。要進行觀察的時候，有放大鏡會比較好。夜間觀察可能會有些危險，所以要盡可能選擇較為熟悉的環境。如果能穿著長統雨靴前往，就可以不用一直注意腳下，會比較輕鬆。

探究牠們所在的位置

首先靜心傾聽聲音是從哪個方向傳來的，然後逐漸靠近發聲源。蟲兒一旦停止鳴叫，就靜止不動等待牠們再度發出聲音。牠們一定會再度鳴叫的。當距離約剩1公尺左右時，就用手電筒找尋。鎖定位置後，要小心地接近。雖然可以直接用手抓，但為了不要傷害牠們，用空瓶蓋住是比較好的方法。放入空瓶之後，就用手電筒照亮，並以放大鏡進行觀察。直接裝回家放進蟲籠裡，慢慢來觀察鳴叫方式也不錯。還有一種有趣的採集方式，就是以細樹枝穿過蔥或洋蔥，放在草叢裡面，大約30分鐘之後，螽斯類的大多都會出現。你也來試試這種方式吧。

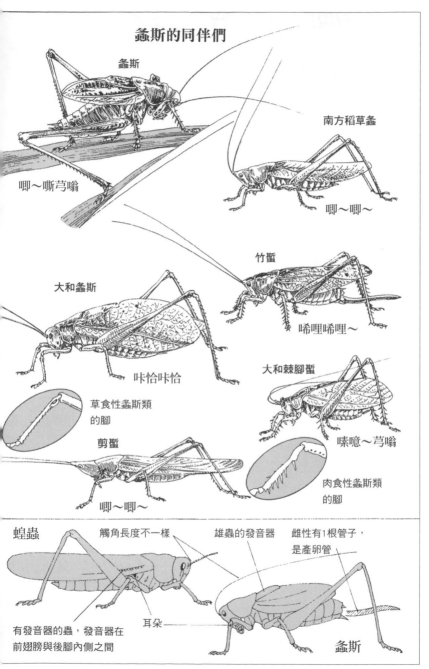

螽斯的同伴們

螽斯

唧～嘶芎嗡

南方稻草螽

唧～唧～

竹蟴

唏哩唏哩～

大和螽斯

咔恰咔恰

草食性螽斯類
的腳

剪蟴

唧～唧～

大和棘腳蟴

嗦噫～芎嗡

肉食性螽斯類
的腳

蝗蟲

觸角長度不一樣

雄蟲的發音器

雌性有1根管子，
是產卵管

有發音器的蟲，發音器在
前翅膀與後腳內側之間

耳朵

螽斯

水生昆蟲——在水中生活的昆蟲

在離水面很近、很淺的地方

　　能夠生活在水裡的昆蟲，我們稱之為水生昆蟲。蜻蜓、石蛾、石蠅、蜉蝣等類，全部的幼蟲期都在水中度過。而即使成蟲了都還在水中生活的，則有龍蝨、牙蟲科、松藻蟲、水螳螂等種類。這些昆蟲全部都是生活在池塘、沼澤、湖泊、河川裡淺水的地方。鼓甲科或水黽科生物的成蟲時期是在水面上生活，所以稱為半水生昆蟲。

石蛾、石蠅、蜉蝣

　　當我們拿起河川裡的石頭時，會看見很像筒子的東西附著在石頭表面。這些是石蛾的巢。石蛾的幼蟲石蠶，使用砂子、小石頭或水草等物品來築巢，然後在入口處結網，捕食流動的藻類（在潮溼處生長的植物，沒有根、莖、葉的區別，可以進行光合作用，乍看之下很像苔蘚）或小型水生昆蟲維生並長大。石蠅或蜉蝣的幼蟲藏在石頭下方，吃的也是同樣的東西。石蠅與蜉蝣的幼蟲雖然很像，但石蠅的腳是2根爪子，而蜉蝣則是1根，所以很好分辨。這3種的幼蟲期都長達半年至3年，而成蟲在產卵後數小時到1週間便會死亡。

呼吸的方法

　　水生昆蟲的呼吸方式有兩種。一種是利用鰓來過濾攝取水中的氧氣。這是石蛾、石蠅、蜉蝣、蜻蜓等幼蟲的呼吸方式。另一種方式則是吸入空氣中的氧氣。水步行蟲、牙蟲科、松藻蟲就是將空氣積存在翅膀下來呼吸。有時牠們會浮上水面，就是為了進行換氣。水螳螂擁有呼吸用的管子，可以當成換氣裝置來呼吸。

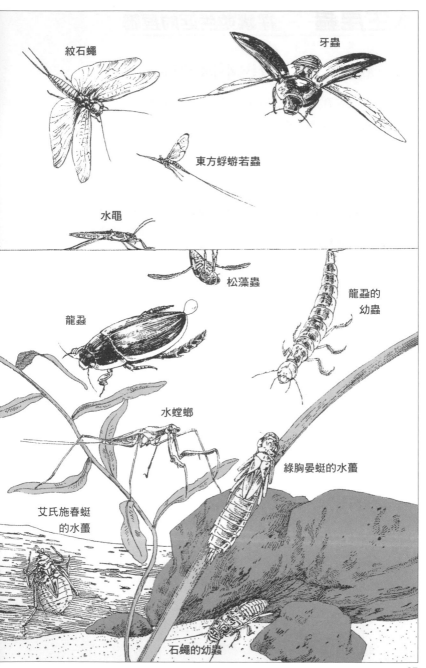

紋石蠅

牙蟲

東方蜉蝣若蟲

水黽

松藻蟲

龍蝨

龍蝨的
幼蟲

水螳螂

綠胸晏蜓的水蠆

艾氏施春蜓
的水蠆

石蠅的幼蟲

87

水生昆蟲——採集並就近觀察吧

環境不同種類也不同

　　棲息在河川裡的昆蟲，對於環境的變化很敏感，只要條件稍微有些改變，裡面住的水生昆蟲也會跟著不同，如河川的上中下游，以及湖泊、沼澤等。而同樣一條河川裡，水流湍急與緩慢的地方，棲住的昆蟲也不一樣。現代人在持續調查水生昆蟲時，也可以從牠們的變化來反推水質是否產生變化。透過這樣的研究，就能很清楚了解河川污染的情形。（參閱268頁）

捕捉時應注意的事項

　　不要赤腳走進河水裡，一定要穿上運動鞋或長統雨靴。水生昆蟲通常會在石頭內側、沙子或泥土中，要用網子或篩子採集。如果你想要帶回家觀察或飼育，就將牠們移到空瓶等容器中。蜻蜓的幼蟲水薑，很適合進行飼育觀察。牠們伸長下顎捕捉獵物的樣子，蛻皮之後羽化變成蜻蜓的樣子，這一幕幕生動的情景就像一齣戲，讓人看了感到無比地興奮。帶水薑回家飼養時，記得不要把兩隻放在一起，否則可能會自相殘殺而吞食對方。在河川採集時，要注意遵守以下兩件事 ①移動過的石頭一定要放回原位 ②不要因為太過忘我而離岸邊太遠。

水生昆蟲的食物鏈

　　踩在河裡的石頭上，很容易滑倒，把石頭拿在手上也是滑溜溜的，這都是因為在石頭表面附著了藻類的緣故。藻類對於蜉蝣、石蛾、搖蚊等來說是很重要的食物。而以獵捕這些草食性昆蟲為食的，則是紋石蠅等的肉食性昆蟲。可是，牠們還是會被蜻蜓的幼蟲水薑或黃石蛉的幼蟲等吃掉。把水薑或黃石蛉幼蟲當成獵物的，則是鶺鴒等鳥類。

放大鏡

撈網

河蟲網

篩子

罐筒

密閉容器

瓶子

觀察牠們游泳的方式吧

細腰晏蜓的水蠆

從尾部按壓水面，
以噴射機方式游泳

琵蟌科的水蠆

擺動3片
尾部游泳

水蠆獵捕食物的方式

伸長下顎把獵物
拉近

蜻蜓——各種產卵方式

不同的蜻蜓有不同的產卵方法

　　蜻蜓的幼蟲稱為水薑，並且生活在水中，這點前頁已經提過了。由此可以得知，蜻蜓是將卵產在水裡的。在許多蜻蜓飛舞的水邊，觀察一段時間，就可能看見牠們產卵的場面。蜻蜓的種類不同，產卵的方法也就各自不同。例如白刃蜻蜓會在交配結束後，用腹部前端貼住水面，讓卵隨著水滴飛濺而附著到水草上。這時候，雄蜻蜓會像保鏢一樣，在產卵的雌蜻蜓上方飛翔巡視。無霸勾蜓是單獨產卵，秋赤蜻是雌雄交配中，直接將腹部前端貼在水邊附近的泥土上產卵。

蜻蜓的一生

　　從卵孵化出的幼蟲，不同蜻蜓的水薑也各自不同，不過大多都必須經過10～14次的反覆蛻皮。這段時間從3個月至5年，時間長短各不相同。一旦到了必須羽化的時刻，水薑就會沿著水草離開水中，大部分都會在晚上慢慢羽化直到天亮。成蟲後的蜻蜓，以捕食其他的小昆蟲維生，等營養充足後會進行交配，一直到產卵結束，雌、雄蜻蜓便都會死亡。

往來於平地與山區的秋赤蜻

　　秋赤蜻的幼蟲在水田或沼澤地生長，並在初夏羽化。這時候的身體，還沒有變成紅色。羽化後的秋赤蜻，會離開出生的地方，漸漸往山區飛去並在山上度過夏天。等到了9月山區的氣溫開始下降，秋赤蜻的身體開始轉為紅色。這時候會集體往地勢較低的地區移動，在我們眼中看見的就是紅蜻蜓了。這真是一種擁有神奇特性的蜻蜓。

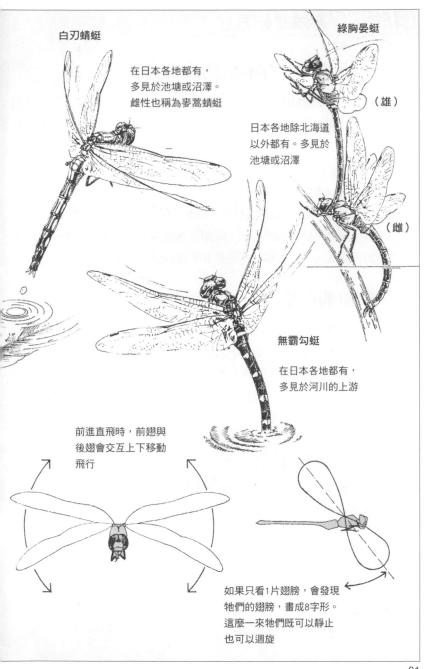

白刃蜻蜓

在日本各地都有，
多見於池塘或沼澤。
雌性也稱為麥蒿蜻蜓

綠胸晏蜓

（雄）

日本各地除北海道
以外都有。多見於
池塘或沼澤

（雌）

無霸勾蜓

在日本各地都有，
多見於河川的上游

前進直飛時，前翅與
後翅會交互上下移動
飛行

如果只看1片翅膀，會發現
牠們的翅膀，畫成8字形。
這麼一來牠們既可以靜止
也可以迴旋

91

拍照的方法

小心手振

在自然觀察中，要大量活用拍照來記錄環境。把昆蟲或鳥類等動物的活動地點拍攝下來吧。這時要在筆記上記一下你是在哪裡拍攝的，等照片洗出來以後就不會搞混了。照相時最需要小心的一點，就是手振。焦聚沒對好而模糊的照片，幾乎都是因為按下快門的那一瞬間，相機震動了的關係。為防止手振，請注意 ①雙臂緊靠腋下，拿好相機 ②如果旁邊有樹或長椅，就把身體靠著穩定下來 ③拍攝較低位置時，單膝跪地，把手肘靠在另一邊的膝蓋上 ④調整呼吸之後，按下快門。

要拍哪個地方，得先決定構圖

當你想拍攝明亮通風的樹林，而且有鳥兒棲息在樹上的景致時，要如何拍攝才好呢？這時就拿起相機四處移動看看吧。不是什麼都要拍進鏡頭裡，而是鎖定想拍的主題，這麼一來才能拍出好照片。近拍、遠拍、左右稍微移動調整，盡量摒除多餘的東西後按下快門吧。

決定直拍或橫拍

現在一般的相機大多是數位相機。正常拿相機時，會拍下橫幅的照片，並且呈現出畫面的寬度，而直立拿相機時，拍下來的照片是長幅的，可呈現景色的高度。無論想拍哪一種，在拍攝時都要專注在拍攝目標上。此外，要拍攝遠處風景時，為了讓地平線或水平線看起來平直，就要水平拿著相機。因為只要稍微傾斜一點，拍出來的照片看起來就會很奇怪。想拍攝植物、昆蟲或鳥類時，可以先參考野外攝影的入門書籍。

手拿相機的方法

慢慢按下
快門

要將相機的帶子掛在脖子上

左手穩定
支撐相機

雙臂貼合
腋下

標準鏡頭

變換不同的鏡頭後，就算
是同一個場景，也能像這
樣產生不同的效果

廣角鏡頭

望遠鏡頭

生物月曆

生 物 名 稱	1	2	3	4	5	6	7	8	9	10	11	12
大黑蟻									冬天會在巢穴中度過			
白粉蝶												
鳳蝶												
藍灰蝶												
黃鉤蛺蝶							有些會以成蟲的型態越冬					
油蟬												
蟋蟀												
春蟬												
螽斯												
日本鐘蟋												
梨片蟋												
獨角仙												
瓢蟲									以成蟲型態越冬			
白刃蜻蜓												
秋赤蜻												

去雜木林找昆蟲

觀察時的用具與服裝（20頁）

這隻名字叫做艷灰蝶，每年7月出現，是一種只能在清晨及傍晚才看得到的蝴蝶

蝴蝶中，分成喜愛明亮場所的蝴蝶（左下），與喜愛陰暗場所的蝴蝶（右下）兩種哦

金鳳蝶　　　冰清絹蝶

姬蛇目蝶

森林暮眼蝶

黑紋谷弄蝶　紅灰蝶　黃紋粉蝶

波紋蛇目蝶　　黛眼蝶

放你走吧

有好多蟲子哦

97

101

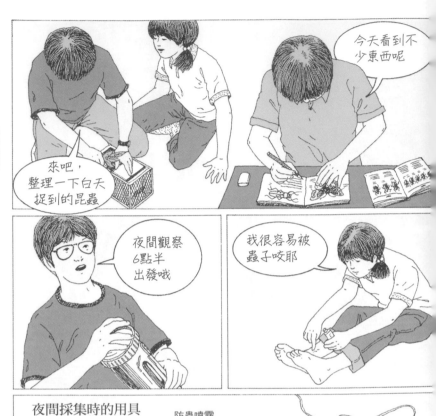

夜間採集時的用具

防蟲噴霧

手電筒

瓶子

鑷子

口袋圖鑑

捕蟲網

誘蛾燈

白布
（在床單上縫上繩子）

和白天看的完全不一樣

有獨角仙

還有青蛙哦

我塗的蜜汁上也有蟲子！

掛起白布，稍微等一下

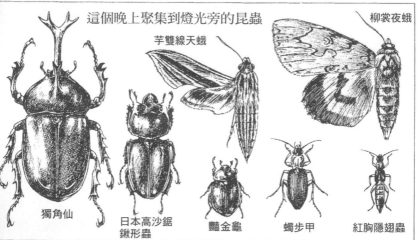

這個晚上聚集到燈光旁的昆蟲

柳裳夜蛾

芋雙線天蛾

獨角仙

日本高沙鋸鍬形蟲

豔金龜

蝎步甲

紅胸隱翅蟲

聚集在夜晚燈光下的昆蟲（38頁）

大和棘腳螽

觀察鳴叫的方式吧（84頁

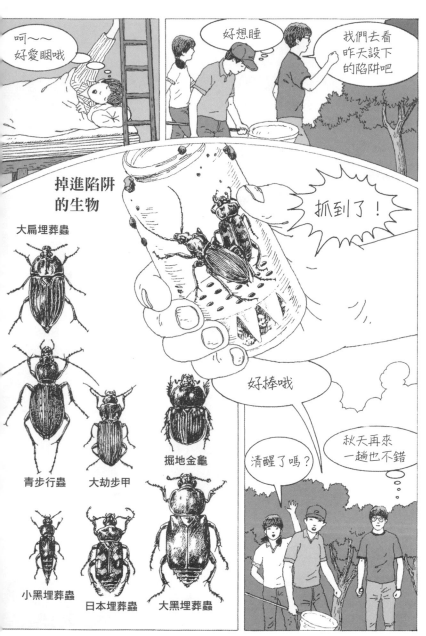

呵～～
好愛睏哦

好想睡

我們去看
昨天設下
的陷阱吧

掉進陷阱
的生物

大扁埋葬蟲

抓到了！

青步行蟲　大劫步甲

掘地金龜

好棒哦

清醒了嗎？

秋天再來
一趟也不錯

小黑埋葬蟲

日本埋葬蟲　大黑埋葬蟲

找落葉下的昆蟲（76頁）

聚集在小河邊的鳥翼蝶

　　有一種蝴蝶會被誤認為是鳥兒而受到槍擊。你可能不相信，不過牠們會飛行在樹木的高處，並且揮動翅膀的方式與小鳥十分相似。鳥翼蝶這個名字也是因此而得名。目前當然已經禁止槍擊或採集了。鳥翼蝶屬於鳳蝶科，是一種大型的蝴蝶，主要居住在東南亞及新幾內亞。當我從馬來西亞的金馬崙高原要前往伊波鎮時，途經一處小河川，便看見了其中的一種，那就是翠葉紅頸鳥翼蝶。為了找到作為目標的蝴蝶，要先找到牠們的食草或食樹，然後再找有水的地方，並設下招來蝴蝶的誘餌，而當時就是我要出門去找水的時候。天氣穩定的日子，小河潺潺的流水聲令人心曠神怡，我看到有個地方在太陽照射下閃閃發亮，這才發現河邊有多達20～30隻蝴蝶正在河邊的沙地上吸水。翠葉紅頸鳥翼蝶的翠綠模樣，是那麼鮮明地映入眼簾。我悄悄地靠近牠們，一直到了距離只有2公尺左右，牠們仍然沒有飛逃而去。

頸部是紅色的

鳥　類

觀察時的用具與服裝

鳥類的特徵

鳥類被分在脊椎動物門的其中一大綱。牠們的主要特徵有①身上長有羽毛 ②體溫能夠保持恆溫，而不受外在氣溫變化影響（我們哺乳類的體溫約36～37℃，而鳥類則高達42～43℃）③有堅硬的喙，腳上有角質鱗狀皮 ④卵有堅硬的外殼包住等。而且也有為了飛行而生成的身體構造（有些例外），包括骨骼輕盈，胸部肌肉發達幾乎占了體重的一半等特點。

雙筒望遠鏡能縮短與鳥兒之間的距離

鳥的視力極佳，雖然很難測量到底好到什麼程度，不過可以確信的是，至少早在我們看到鳥兒之前，牠們就能先看見我們了。牠們看見時會同時判斷對方是否為敵人，一旦發現有危險就會立刻飛逃。我們再怎麼表示只是來看看而已，也沒有用。此時我們所需要的就是一副雙筒望遠鏡（選擇及使用方法請參閱168頁）。雖然天文望遠鏡的放大倍率比起雙筒望遠鏡還高，但因為很重不方便攜帶，且價格又高，因此我們就先使用雙筒望遠鏡吧。

選擇不會驚嚇到鳥兒的服裝顏色

鳥兒不只視力良好，也能分辨顏色。在樹林裡，如果穿著與周圍完全不同的顏色，就算距離鳥兒很遠，也會讓牠們感到不安而逃走。尤其紅、黃、白是特別顯眼的顏色。綠色或茶色系在樹林裡就不會那麼醒目了。而口袋圖鑑則是不可或缺的隨身物品。當場查閱印象會比較深刻，也不容易認錯。若能隨身攜帶野鳥協會出版的「野鳥圖鑑」，會很方便。

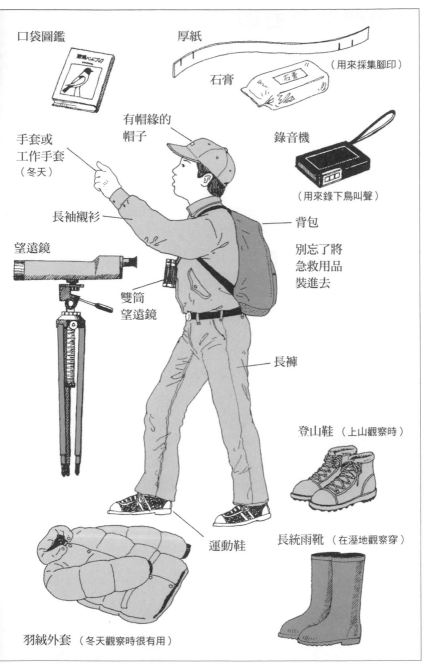

口袋圖鑑

厚紙

（用來採集腳印）

石膏

有帽緣的
帽子

錄音機

手套或
工作手套
（冬天）

（用來錄下鳥叫聲）

長袖襯衫

背包

望遠鏡

別忘了將
急救用品
裝進去

雙筒
望遠鏡

長褲

登山鞋 （上山觀察時）

運動鞋

長統雨靴 （在溼地觀察穿）

羽絨外套 （冬天觀察時很有用）

觀察鳥的羽毛吧

形成翅膀的羽毛

大部分的鳥都能夠飛翔（鴕鳥、鷸鴕、鶤鴕、企鵝等日本見不到的數種鳥類，則失去飛行能力）。當我們看見緩緩展開巨大翅膀飛翔的紅嘴鷗，或是朝水面直線飛行捕捉魚類的燕鷗時，往往會陶醉在牠們雄偉與壯闊的飛行姿態中。不同種類的鳥，擁有不同形狀與大小的翅膀。這是為了因應在樹上或在水面上生活，所演化而來的。但是如右圖所繪，當牠們展開翅膀時，羽毛的排列都是一樣的。由於在自然狀態下很難觀察到，所以請就近觀察自己飼養的鳥，例如文鳥、金絲雀、鸚鵡等，以及動物園裡鳥兒的羽毛吧。

不同種類有不同的羽毛形狀、長度

鳥的身體上，覆蓋著柔軟的絨毛及小小的羽毛。這些羽毛保護著鳥的皮膚，也負責保溫不讓體溫流失。絨毛又稱為羽絨，其中特別是水鳥的羽絨，經常用來做成我們的防寒外套或被子。有飛行功用的，是飛羽和尾羽，根據這兩種羽毛的長度，鳥的飛行姿勢也會不同。試著把遊隼或白腰雨燕這種飛行速度很快的鳥，與海鷗這種優雅飛行的鳥兒做個比較吧。想想羽毛的長度，與牠們的體態、飛行方式之間有什麼關係。

撿拾鳥兒掉落的羽毛

鳥兒一年會有1～2次的換毛。一般大多在春季至夏季育兒結束的時期，就會換毛。撿拾牠們的羽毛，並調查看看是哪一部分的羽毛吧。

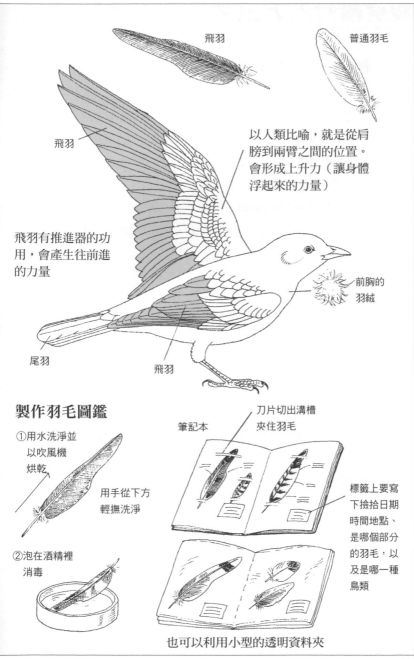

飛羽

普通羽毛

飛羽

以人類比喻，就是從肩膀到兩臂之間的位置。會形成上升力（讓身體浮起來的力量）

飛羽有推進器的功用，會產生往前進的力量

前胸的羽絨

尾羽

飛羽

製作羽毛圖鑑

①用水洗淨並以吹風機烘乾

用手從下方輕撫洗淨

②泡在酒精裡消毒

筆記本

刀片切出溝槽夾住羽毛

標籤上要寫下撿拾日期時間地點、是哪個部分的羽毛，以及是哪一種鳥類

也可以利用小型的透明資料夾

觀察飛行的方式吧

振翅方式與飛行的軌跡

　　鳥的個性不只表現在姿態及外形，還表現在飛行方法上。請注意一下牠們振動翅膀的方式吧。麻雀或烏鴉會不斷揮動牠們的羽翼來飛翔，而鴿子、棕耳鵯飛行時，會先振動翅膀，然後暫時呈靜止狀態，接著再次振動翅膀，不斷重複這些步驟。記下牠們的飛行軌跡，畫出路線來吧。你會知道棕耳鵯是飛波浪形，而烏鴉是飛直線狀的。下次發現鳥兒時，記得要觀察牠們翅膀的振動方式、振動速度，以及牠們是飛出波浪形呢？還是直線形呢？

利用氣流的鳥類

　　觀察的第一步，就是把平常並不在意的鳥的動作，一一提出疑問吧。鷲與鷹類，還有海鷗之類的鳥兒，總是在空中悠遊地飛翔著，比較起來，我們可曾看過麻雀、棕耳鵯，以及野鴨等水鳥悠哉地飛行嗎？鷲與鷹類、海鷗類都是很善於乘著氣流飛行的鳥類，牠們會漂亮地讓身體順著上升氣流浮起，幾乎不需要怎麼振動翅膀就能飛行好幾個小時。

滑翔與空中懸停

　　來觀察這些善於將身體乘著氣流的鳥兒的飛行方式吧。彷彿畫圈圈般，一圈一圈地滑向空中，稱為「滑翔」。這些在上空的鳥兒，邊尋找獵物邊飛行。一旦發現獵物，就將翅膀往上揚並下壓，幾乎固定在同一點上，鎖定獵物。像這樣的飛翔方式稱為「空中懸停」。接著，就會朝著獵物急速下降。

直線式飛行

波浪式飛行

種類不同，波形的大小也不一樣

滑翔

不太振動翅
膀，緩緩地
順著氣流

空中懸停

鎖定獵物的
時候。是一
種特殊的翅
膀振動方式

從前方觀看的飛行姿態（鷲與鷹類）

黑鳶　　　　　　東方澤鵟　　　　　　鷲

近乎水平　　　　V字型　　　　　　淺V字型

進食的方式與喙

觀察鳥兒的進食方式

把注意力放在鳥喙上吧。粗的鳥喙、又細又長的鳥喙、又尖又彎的鳥喙……這些形狀與大小的不同，都與餌食有很大的關係。讓我們用雙筒望遠鏡，來觀察看看沒有牙齒的鳥兒們，是吃些什麼，又是如何進食的呢？

擁有粗喙的鳥

有些鳥兒的喙，比麻雀或鴿子的還要粗。包括錫嘴雀、紅腹灰雀、黑頭蠟嘴雀，以及飼養鳥中的文鳥等。這些堅固的鳥喙，適合用來咬破穀類的殼、堅硬的樹木果實等。其中上下嘴交叉的紅交嘴雀，喙的樣子非常有趣。雖然看起來好像不太方便進食，但對於把嘴伸入松果裡，並撐開果殼取食，可是非常地有用哦。

擁有長喙的鳥

包括大斑啄木鳥在內的各種啄木鳥，都是捕食藏在樹皮下的昆蟲。為了很容易挖出樹皮裡的蟲，牠們擁有又長又堅固的喙。至於翠鳥類，則會用精彩的泳技潛入水裡，然後用長長的喙來捉魚。不過要說擁有長喙的代表選手，那就莫過於鷸科鳥類了。牠們最擅長將貝類、螃蟹、沙蠶等藏身在沙土泥穴中的生物，都拉出來吃掉。

擁有又尖又彎鳥喙的鳥

擁有這種鳥喙的，大部分都是肉食性鳥類。包括會捕食青蛙或昆蟲的紅頭伯勞、獵捕老鼠或蛇的鵟或鷹類等。都是為了方便咬碎肉類，喙的前端才會呈彎曲狀。

火刺木等樹的果實

紅交嘴雀

錫嘴雀

杉樹的果實　松樹的果實

棕耳鵯

黑頭蠟嘴雀

木蠟樹的果實

普通夜鷹　短翅樹鶯

大斑啄木鳥

昆蟲的幼蟲等　躲在樹皮下的昆蟲的幼蟲等

昆蟲等

翠鳥

黑尾鷗

魚

大杓鷸

遊隼

其他的小鳥等　螃蟹等

115

各式各樣的腳形

來看看鳥兒的腳吧

　　比起翅膀與喙，鳥兒的腳給人的印象比較模糊，這是因為牠們在移動時，沒有什麼機會可以看清楚。但是就算牠們棲息在樹梢上，腳也會被羽毛遮住而不容易看到。可是仔細看，就會發現牠們的腳形與喙一樣，會因種類的不同長得也不一樣，相當有趣。鳥的腳趾，一般有4趾。有些鳥是全4趾都在前面，有些是前3趾後1趾，也有些是前面2趾後面2趾。而有些鳥的腳趾與腳趾之間還會有膜。所以在觀察鳥類的時候也要注意牠們的腳，觀察結束可以試著畫下來。

有蹼的腳

　　雁與鴨這些種類，以及海鷗等水鳥的腳上，都長有蹼。至於鷺與鷿鷈科的腳雖然也有蹼，但比較小。多數鷸科鳥類腳趾的數目，只有3趾，算是比較例外的，但3隻腳趾之間也有小小的蹼。有趣的是，鷿鷈科與紅冠水雞一類的鳥，牠們的腳被稱為瓣足。腳趾周圍呈鰭狀，踢後方的水的時候會張開，縮回前方時為了減低水的阻力又會閉起來。因此水鳥中，牠們可是一等一的潛水高手。

腳趾的位置與姿勢間的關係

　　除了水鳥之外，幾乎所有鳥的腳趾都是前面3趾後方1趾，或前2趾後2趾。擁有前後各2趾的是鴟鴞科（俗稱貓頭鷹）與鸚鵡科，還有大部分都會停在樹幹上的啄木鳥科等種類。請試著比較這些鳥兒的姿勢吧。除此之外，比較有特色的還有腳幾乎被羽毛覆蓋的鴟鴞科、岩雷鳥、白腹毛腳燕，以及爪子非常發達的鷹或鷲等類別。

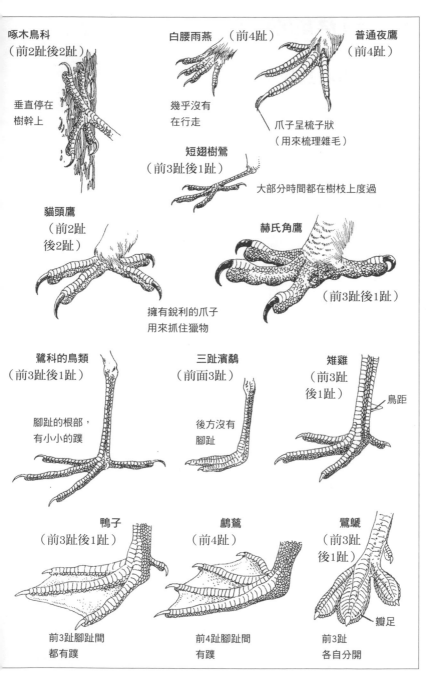

啄木鳥科
（前2趾後2趾）

垂直停在
樹幹上

白腰雨燕　（前4趾）

幾乎沒有
在行走

普通夜鷹
（前4趾）

爪子呈梳子狀
（用來梳理雜毛）

短翅樹鶯
（前3趾後1趾）

大部分時間都在樹枝上度過

貓頭鷹
（前2趾
後2趾）

擁有銳利的爪子
用來抓住獵物

赫氏角鷹

（前3趾後1趾）

鷺科的鳥類
（前3趾後1趾）

腳趾的根部，
有小小的蹼

三趾濱鷸
（前面3趾）

後方沒有
腳趾

雉雞
（前3趾
後1趾）

鳥距

鴨子
（前3趾後1趾）

前3趾腳趾間
都有蹼

鸕鷀
（前4趾）

前4趾腳趾間
有蹼

鷿鷈
（前3趾
後1趾）

瓣足

前3趾
各自分開

117

鳥的特有動作

頭與尾的動作

　　鳥類有許多特別的動作，例如總是抬頭挺胸睥睨一切，或是尾巴不停地左搖右擺。就算距離太遠沒辦法看清楚鳥的樣子，也能從動作大概猜出牠們的種類。首先，來注意頭與尾部吧。鶺鴒科的鳥類，會振動牠們長長的尾巴。黃尾鴝會低下頭好像敬禮一樣，然後搖動尾巴。而會抬起尾巴激烈擺動，不住拍打翅膀的鳥則是短翅樹鶯。

搔頭的動作

　　對鳥類而言，羽毛可說像牠們的生命一樣重要，所以要仔細看看牠們在棲息時整理羽毛的樣子。大部分鳥類的尾羽根部都有分泌油脂的地方，而牠們會用喙沾取油脂，仔細地塗抹在羽毛上面進行整理。可是不管喙再怎麼努力，也沒辦法觸及頭部。所以如果要梳理頭部的羽毛時，就會使用腳來搔頭。看看麻雀和鴿子吧，牠們都是把腳抬起越過翅膀，再彎著身子搔頭的。那麼其他的鳥又是如何做呢？順便也調查看看動作與腳長的關係吧。

來觀察牠們走路的樣子吧

　　飛到地上來的麻雀，都是雙腳一起蹦蹦跳跳地往前行進（跳躍）。不過鴿子或棕耳鵯等，卻都是用左右腳交互踏出的方式前進（行走）。所以鳥類依種類不同，走路的方式也不一樣。烏鴉則是兩種前進方法都會使用。找到鳥兒的時候，來調查看看牠們用哪一種方式走路，或是兩種方式都用呢。

白鶺鴒

鶺鴒科的鳥類，尾巴會
上下拍打振動

短翅樹鶯

翹起尾部，
激烈地振動

灰鶺鴒

腳跨過翅
膀搔頭

反嘴鷸

直接從前方
搔頭

旋木雀
環繞著樹幹
往上攀爬

茶腹鳾

逆向走下樹幹

走路的方式

行走

跳躍

鵐

以彎曲的路線
行走

擁有奇特習性的鳥

紅頭伯勞怪異的儲食方式

能看到紅頭伯勞的時節，多為9月至10月。牠們會「唧～」地用這種尖銳的叫聲，來告知秋天的到來。儘管如此，這也只有在日本本州地區才聽得到。因為天氣一變冷，紅頭伯勞就會往溫暖的地方移動。北海道是夏天可以見得到牠們，九州則在冬天看得到。這種紅頭伯勞，有個很不可思議的習性。牠們會用樹枝、鐵絲等刺穿捕捉到的青蛙或蜥蜴等獵物。日本人稱這種習性叫「速贄」，但為什麼會有這樣的習性，目前還不太清楚。讓我們也來調查看看，紅頭伯勞會在什麼地點、存放什麼食物，還有時節不同，儲食的方式是不是也會改變呢？

聰明的烏鴉

聽說有人去遠足時，一個不留神烏鴉就來把便當搶走，還有烏鴉會在市區的垃圾場裡，啄破塑膠袋把垃圾拖出來等趣聞。因為烏鴉是非常聰明的鳥類，牠們會從高處仔細觀察人類的舉動。有人曾看到牠們啣著外殼很硬的胡桃，從空中丟到馬路上，把胡桃殼弄破後吃掉果肉。還有些烏鴉會收集又圓又亮的東西，像是彈珠、瓶蓋等，並且把它們藏在同一個地方。仔細注意烏鴉的活動並進行觀察吧。

會回到起飛地點的鶲科鳥類

鳥類捕食的方式有很多種。有許多鳥會捕捉正在飛行的昆蟲。我們來觀察鶲科的鳥類吧，牠們會停在視野良好的樹枝或電線上，一旦發現昆蟲時便迅速飛起捕捉，然後再回到原來棲息的地方。動作之快，好像什麼都沒發生過一樣。

紅頭伯勞的儲食

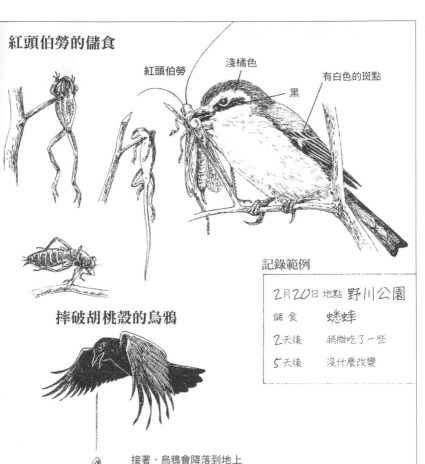

紅頭伯勞

淺橘色

黑

有白色的斑點

摔破胡桃殼的烏鴉

接著，烏鴉會降落到地上
吃殼碎掉的胡桃仁

記錄範例

2月20日 地點 野川公園

儲食　　蟋蟀

2天後　　稍微吃了一些

5天後　　沒什麼改變

像這樣的行為，
也常見於黃眉黃鶲、
烏鶲、灰鶲等

黑喉鴝（野鴝）

鳥的結婚與築巢

春天開始築巢

鳥類的巢和我們人類的家是一樣的嗎？不同種類的鳥，會築出各式各樣的鳥巢。在鳥巢裡哺育小孩，這點與我們人類一樣。可是，一旦雛鳥長大之後，鳥巢對於鳥爸爸鳥媽媽而言就沒有用處了。原本還相親相愛一起築巢的雄鳥與雌鳥，大部分都會再度回到群體裡一起生活。所以，把鳥巢想成是為了養育小鳥而臨時蓋的家會比較適合。

雄鳥對雌鳥的求愛行為

春天，是雄鳥與雌鳥要找配偶的季節，這時我們就可以看見鳥類的神奇行為。雄鳥在雌鳥面前，會展開美麗的羽毛吸引雌鳥目光，頭部上下擺動，高聲啼叫等。不同種類會有不一樣的動作，不過全部都是為了結婚而展開的求愛行為。此外，還會見到雄鳥餵食雌鳥，就好像餵食給雛鳥的動作一般。這些在其他季節看不到的求偶舉動，看了真令人會心一笑。如果你有機會看到的話，一定要仔細分辨誰是雌鳥、誰是雄鳥，還要觀察牠們做了些什麼動作。

築巢期間要小心觀察

結為伴侶的雄鳥與雌鳥會共同築巢、產卵，然後養育幼鳥。鳥巢有直接利用地面的簡易鳥巢，也有在樹上用小樹枝與稻草仔細編織的鳥巢等，依地點不同形狀的變化也會很豐富。另外有一種精打細算的鳥如大杜鵑或小杜鵑，牠們不但不築巢，反而把卵產在別種鳥的巢裡。如果你發現了鳥巢，要從遠處用望遠鏡悄悄觀察，因為正在哺育子代的鳥類，是非常敏感的。而這也是鳥兒一生中最重要的時期，所以千萬要小心。

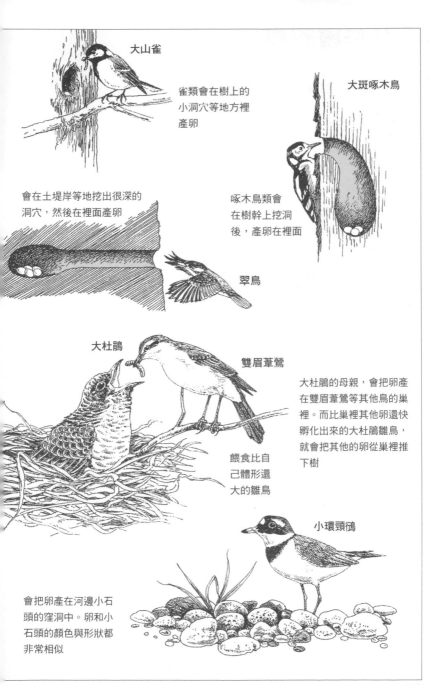

大山雀

雀類會在樹上的
小洞穴等地方裡
產卵

大斑啄木鳥

會在土堤岸等地挖出很深的
洞穴，然後在裡面產卵

啄木鳥類會
在樹幹上挖洞
後，產卵在裡面

翠鳥

大杜鵑

雙眉葦鶯

大杜鵑的母親，會把卵產
在雙眉葦鶯等其他鳥的巢
裡。而比巢裡其他卵還快
孵化出來的大杜鵑雛鳥，
就會把其他的卵從巢裡推
下樹

餵食比自
己體形還
大的雛鳥

小環頸鴴

會把卵產在河邊小石
頭的窪洞中。卵和小
石頭的顏色與形狀都
非常相似

123

尋找身邊的鳥

製作生物地圖，並記錄下來

　　首先從住家附近開始，觀察住在周遭自然環境中的鳥兒們吧。麻雀、烏鴉、野鴿、棕耳鵯、金背鳩等，都是城市常見的鳥類。仔細留意的話，有可能看到大山雀哦。除了這些整年都能見到的鳥之外，秋天還有斑鶇會來造訪，冬天則看得到短翅樹鶯，到了春天燕子也都會出現。就算在城市裡面，也可以看見很多野鳥。正因為城市裡的野鳥離我們很近，所以很多細微的地方都能觀察到。牠們大約幾點會出現，白天都在做些什麼事、吃些什麼東西，傍晚又到哪裡去等等，請你盡可能地持續記錄下來。例如大約10年前在城市裡都還不太看得到棕耳鵯，牠們主要棲息在山林裡。但由於環境變遷，讓鳥兒的生態也隨之改變。所以現在開始持續做的記錄，可能會成為將來的珍貴資料哦。

觀察的重點

　　我們再一次把觀察鳥類的重點列出來吧。

①現在牠們在做什麼呢？正在捕捉獵物，還是在進食？在啼叫，還是安靜地休息？在整理羽毛、戲水，還是在築巢等等。

②牠們都吃些什麼東西呢？會不會吃其他種類的食物呢？

③天敵是什麼呢？仔細想想看，以這種鳥為中心所形成的食物鏈（8頁）。

④是單獨一隻行動嗎？還是和同伴集體行動呢？

⑤觀察行走方式、飛行方式，還有動作的特徵。

⑥晚上睡在哪裡？調查牠們傍晚飛去的方向。

⑦在哪裡築巢呢？巢的形狀、材料、養育雛鳥的方式等，在不驚動鳥的範圍內，安靜地用望遠鏡調查看看。

小嘴鴉

金背鳩

燕子

野鴿

麻雀

棕耳鵯

金翅雀

麻雀——與人類共同生活的鳥

城市是安全的場所

麻雀的生活，與我們人類的生活緊密結合著。沒有人類居住的地方，就沒有麻雀的棲息，從這點就能看出兩者密切的關係。麻雀是雜食性的鳥，昆蟲、樹實、草籽、穀類等什麼都吃。連人類的廚餘也吃。在城市裡不只可以取得豐富的食物，也沒有鷹或鷲等天敵，對於麻雀來說，是非常安全的地方。

來觀察築巢吧

麻雀大約在2月左右開始築巢。雖然牠們大多會利用住家牆壁或電線桿上的洞穴當巢，但近年鋼筋水泥房屋增多，麻雀要找巢穴似乎也變得困難多了。儘管如此，牠們還是會找到房屋的通風口等巢箱，當成鳥巢居住。此外，牠們也會利用舊的麻雀巢穴，或是把其他鳥類正在使用的巢搶過來。麻雀從2～3月至夏天，會繁殖2～3次。每次產下4～8個卵，2週左右就會孵化。母鳥會抓昆蟲的幼蟲哺育雛鳥。這時期，有些身體較孱弱的雛鳥無法順利長大，而實際上能夠離巢獨立的鳥，大約只占卵的數量的一半。雛鳥的嘴喙邊緣是黃色的，羽毛膨膨軟軟，動作也很笨拙，所以很容易分辨出來。仔細觀察牠們與鳥媽媽是如何接觸的，還有牠們的飛行練習吧。

尋找麻雀的棲息地

8月至9月初，當養育雛鳥的任務結束後，麻雀一到了傍晚便會成群飛回棲息地。龐大的數量，是白天看到的麻雀群無法比擬的。棲息地點有的在公園的樹上，還有的在河邊的蘆葦叢。麻雀們在什麼樣的地點來回移動，的確很引人好奇。讓我們來調查看看，傍晚時分，麻雀到底往那個方向飛去吧。

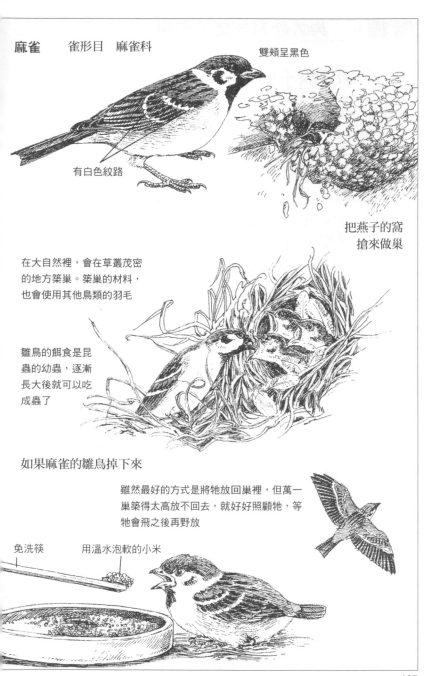

麻雀　　雀形目　麻雀科

雙頰呈黑色

有白色紋路

把燕子的窩
搶來做巢

在大自然裡，會在草叢茂密
的地方築巢。築巢的材料，
也會使用其他鳥類的羽毛

雛鳥的餌食是昆
蟲的幼蟲，逐漸
長大後就可以吃
成蟲了

如果麻雀的雛鳥掉下來

雖然最好的方式是將牠放回巢裡，但萬一
巢築得太高放不回去，就好好照顧牠，等
牠會飛之後再野放

免洗筷　　用溫水泡軟的小米

127

烏鴉——聰明伶俐的鳥

巨嘴鴉與小嘴鴉

要觀察烏鴉，首先從分辨巨嘴鴉與小嘴鴉開始。烏鴉可以住在任何地方，包括從高山到城市，甚至是海邊。在城市中能看見的烏鴉以巨嘴鴉居多。鳥喙又粗又厚是牠們的特徵。如果到郊外的田園地區，小嘴鴉就會變多了。兩種的啼叫聲也不同。「咔啊咔啊」這種比較清澈的叫聲屬於巨嘴鴉，而「嘎啊嘎啊」這種比較混濁的叫聲，是小嘴鴉的叫聲。

來觀察烏鴉的進食吧

烏鴉是雜食性鳥類，在城市中則依賴人類的廚餘生存。牠們會啄破垃圾堆裡的袋子，也會熟練地打開塑膠瓶蓋覓食。在自然環境中，則大多以魚或動物的屍體為食，扮演著重要的「清道夫」角色。烏鴉不怕人，會很靠近人類飛行，所以觀察起來很方便。關於牠們吃些什麼？是找到食物當場吃掉呢？還是會叼到別的地方再吃？這些都可以好好調查一番。

調查築巢的材料

烏鴉築巢的時間，是3月到6月之間。因為牠們大多在很高的樹上築巢，所以不容易觀察，不過也許能看見牠們搬運築巢材料的過程。烏鴉不只利用小樹枝、枯草等自然界的東西，有時也會使用繩子、毛線、鐵絲、頭髮、紙等人造物品築巢。在這一段時期裡，如果牠們嘴裡叼的不是食物的話，那麼大概就是用來築巢的材料吧。此外，從秋天到冬天的這一段期間，樹葉掉落後也能夠發現烏鴉用過的舊巢。靠近一點，用望遠鏡仔細看看吧。

巨嘴鴉

雀形目　鴉科

小嘴鴉

喙是粗的

喙是細的

啼叫時，會低頭像敬
禮一般，啼叫聲是
「嘎啊～嘎啊～
咕啊～」

啼叫的時候，
會把頭往前伸，
然後尾部上下振動
後啼叫（尤其是繁殖
期時）。啼叫的聲音是
「咔啊～咔啊～發啊～
發啊～」

在接近樹頂的位置築巢

在傍晚會一整群
回到棲息處

記錄範例

5月5日　上午9點

巨嘴　5隻
　　　啄破塑膠袋
　　　吃袋裡的水果皮

小嘴　2隻

粗　　　　細

129

燕子——報春的鳥

記下初次見到燕子的日期

「已經看見燕子的身影了」像這種新聞報導，就會讓我們感受到春天的來臨。燕子從距離幾千公里外的菲律賓、印尼等地起飛旅行，在3月底的時候一一抵達。在日本，第一次見到某生物身影的日子，稱為初認日。3月一到就要特別留意，把初次看到燕子的日期與地點，記在日曆或筆記本上吧。反過來說，最後一次看見某種生物的日子，稱為終認日。與初次見到燕子的日期相比，要確認最後一次看見燕子的日期困難多了。大部分的時候都是不知不覺就看不到了。燕子大約在8月到10月間離去，因為地區不同，飛離的時間也都不一樣，試著在這段期間，特別留意看看吧。

燕子的同類們

燕子是雀形目燕科的鳥類，一般是指家燕。在日本能看見的燕科鳥類，有家燕、赤腰燕、白腹毛腳燕、灰沙燕（分布在北海道）、洋燕（分布地由奄美大島至沖繩）共5個種類。全日本都看得見的是前3種。赤腰燕的腰部是紅色的。白腹毛腳燕的特徵則是腰部白色、尾巴較短。白腰雨燕的名稱雖然也有個燕字，但牠是屬於雨燕目雨燕科的鳥類，與燕科的類別不同。

觀察燕子築巢

燕子喜愛人類居住的城市或村莊，而且多會在屋簷下築巢。附近有能夠用來築巢的泥土，以及能當作餌食的昆蟲，都是選擇築巢地點的條件。燕子在何時何地開始築巢，雄燕與雌燕又是如何分工合作的，請好好觀察吧。

家燕　　雀形目　燕科

雄燕與雌燕
輪流餵食

一次產下3～7個卵。約2週
後孵化,再過3週會離巢。
一個夏季會繁殖2次

尾巴很長,
有分叉

用泥土與
枯草築巢

離巢的雛鳥

口部周圍是
黃色的

雛鳥的天敵有烏鴉、
蛇、貓等。有時候也
會被麻雀搶走巢穴

尾巴很短

堪察加半島

日本列島

燕子遷徙的路線

秋天從北到南,春天則
由南到北(與箭頭方向
相反)移動

台灣

馬里亞納群島

馬來半島

菲律賓群島

—————— 在日本越冬的燕子

- - - - - - 在日本繁殖的燕子

印尼

爪哇島

新幾內亞島

澳洲

131

逃出牢籠的鳥

野化的寵物鳥

本來養在家裡的虎皮鸚鵡、文鳥等逃出籠子後，有可能會野化。會逃走的原因有很多，可能是餵食時不小心讓牠們飛走了，也有些是飼主不想養而把牠們放走等。要盡量避免犯下讓寵物鳥逃跑的疏失，因為既然照顧了，就應該要負責到底，否則從籠子裡逃出去的寵物鳥，幾乎都會因無法覓食，或是被貓等動物襲擊，而面臨死亡的威脅。殘存下來較強壯的鳥，則會群聚在一起，野化並生存下來。

被當成寵物帶進來的鳥

有許多寵物鳥都是原產於東南亞、印度、非洲等地。鸚鵡類的鳥，在印度、斯里蘭卡、澳洲等地都被視為會破壞農作物的害鳥，並不受歡迎，因此被當成寵物鳥廉價地銷往海外。能記住語言，並會流利說話的鸚鵡類，在日本的人氣很高。雖然牠們是被帶到不同環境生活的鳥，不過一旦在日本繁殖後，就適應了新的環境。

發現稀有鳥類時

好稀奇的鳥哦，而且圖鑑裡也沒有記載……，當你發現這種鳥的時候，要先懷疑牠是不是從籠子裡逃出來的寵物鳥。紅梅花雀、黑頭文鳥、虎皮鸚鵡、文鳥，還有東京近郊最近出現的紅領綠鸚鵡群，都曾被觀察到。牠們是幾隻聚成一群的？如何覓食？靠近食物時會不會與其他種的野鳥打架？這些都可以好好觀察一番。

紅領綠鸚鵡的群聚

尾巴很長，身體
也比虎皮鸚鵡大上許多，
頸部是一圈紅色的毛

喙是
紅色的

虎皮鸚鵡

以黃色或綠色
為主

紅梅花雀

全身是紅色的

雄鳥身上
有白色斑點

帶點藍
的灰色

黑色

紅褐色

胸前是
白色的

帶點藍
的灰色

黑色

胸前是
紅褐色的

黑頭文鳥（白腹）　　　黑頭文鳥（栗腹）

133

田間看得到的鳥

農家周圍的樹林裡

一般農田是很寬闊的，四處也都有農家。我們可以在農家周圍看見防風的樹林。這是日本隨處可見的田園風光。如果附近有溪流，應該還可以看見叢生的芒草或蘆葦。在這樣的環境裡，到底能看到什麼樣的鳥呢？農家周圍林立的樹木，是一片小小的樹林。喜愛林木稀疏、四周環境開闊的鳥類會棲息在這裡。包括灰喜鵲、灰椋鳥、紅頭伯勞、大杜鵑、小嘴鴉等。而竹林裡，大多是麻雀或灰椋鳥的棲息地。

稻穗成長時期的田裡

插秧時期，稻田裡會有許多水。所以除了稻子之外，也會生出雜草，連昆蟲、青蛙、小魚都會棲息在這裡。小白鷺或鷸科鳥類等會飛來捕捉這些小動物。牠們的身影在青綠色的水田中十分醒目，所以很容易觀察。近來增加的休耕田或旱田，也稱得上是小規模的草原環境，這是雲雀喜愛的地方。在蘆葦叢中，則能夠發現大葦鶯或棕扇尾鶯的身影。如果草長得很茂盛不容易發現牠們，那就靜下心來傾聽牠們的啼叫聲。

觀察的重點

①發現鳥兒時，要確認是乾燥的地方還是潮溼的地方。

②牠們吃些什麼呢？

③只有1隻？還是有一群呢？

④活動範圍大概多大呢？傍晚時會不會遷移地點？

⑤試著去詢問農家，他們是否因為鳥兒而感到困擾。如果會，就問他們都採取什麼方法應對。

大杜鵑

灰喜鵲

小白鷺

小嘴鴉

灰椋鳥

竹雞

紅頭伯勞

雲雀──美妙聲音的擁有者

雲雀的高亢囀啼聲

　　春天時，去一趟雲雀喜愛的草原，聽聽美妙的囀啼聲吧。靜靜觀察，就會看見雲雀從草叢盤旋升到高空中，並不斷發出清澈又嘹亮的囀啼。以前的人，把「批～啾、批～啾」的叫聲，聽成「一天一分、一天一分」（日語諧音），所以就說是因為雲雀借錢給太陽後卻被賴帳，只好每天催促地叫著「不還錢每天收你一分利息哦（分是古代的錢幣單位）」。這個說法真是既有趣，又能夠充分表現出囀啼著朝向太陽直飛升起的雲雀姿態呢。那麼，你覺得聽起來又像什麼呢？

宣告地盤

　　雲雀會囀啼，是雄鳥為了吸引雌鳥，並告知其他雄鳥自己的地盤（也叫領域，就是生活的空間）。春天，雲雀高亢囀啼時就是繁殖期，大部分囀啼的地方附近就有鳥巢。巢是直接築在乾燥的草原地面上。就算顏色跟草地很相近，但是比起築在樹上的鳥巢來說，也未免太沒有防備了。雲雀父母感覺到危險時，並不會直接回巢，而是飛到距離稍遠的地方混淆敵人的注意力，也有些會用走的方式回巢。

觀察的重點

①雲雀的啼叫聲，從3月初至4月在全日本都能聽得到。請將第一次聽到的日期記錄下來。

②確認雲雀囀啼的位置，以及降落在草原的位置。

③就算發現雲雀的鳥巢，也絕對不要靠近，要使用望遠鏡安靜地觀察。

④調查雲雀從夏天到秋天的行動。牠們會囀啼嗎？

雲雀 雀形目 百靈科

類似雲雀的鳥

在天空中囀啼的雲雀

有短短的冠羽

田鵐 雀科

紅褐色

喉部呈白色

雲雀是居住在草原或田裡的留鳥。田鵐與水鷚是冬鳥，要在約10月至4月前後才看得到

水鷚 鶺鴒科

下巴的黑色很顯眼

深褐色

為雛鳥帶來餌食的雲雀

有冠羽

全身呈淡褐色，有黑色的斑紋

會將枯草等鋪在地面上築巢。一次產4～5個卵

後趾的爪子非常長

聆聽鳥的鳴叫聲

日常啼叫與囀啼

　　鳥為什麼會鳴叫呢？如果能聽懂鳥說的話，不知會有多開心，世界會變得多寬廣呢。不過很可惜，我們也只能推測鳥的「會話」內容而已。鳥也是會彼此交換意見的哦。因此藉由研究鳥語的人們的一番努力，我們了解鳥的鳴叫聲有分為日常啼叫與囀啼兩大類。日常鳴叫用來聯絡同伴，在通知是否有食物、有沒有危險等時候使用。囀啼則是雄鳥為了吸引雌鳥，所發出的愛的「告白」，也是以鳥巢為中心，為了守護家人所做的地盤宣告。

仔細聆聽囀啼聲

　　日常鳴叫雖然很單調，但無論什麼種鳥類，囀啼的歌聲都非常高亢。從春天到夏天的築巢時期，大概都能聽得到。古代的人都會把這些囀啼與人類的語意相結合。例如把短翅樹鶯的囀啼聲聽作「法、法華經」，把角鴞在黑夜裡的叫聲聽作「佛法僧」等。暫且不管其意義，如今聽在我們的耳裡，也的確是「呴～呴開叩」、「卜波嗷」（日語發音）。經過時代變遷，像這樣將聽到的鳥鳴聲配上人類的語意，也叫做擬聲詞。

創作擬聲詞

　　過去傳下來的擬聲詞，我想聽了之後還是很疑惑的人應該不少吧。所以擬聲詞就是自己去聽、自己創作就好。你聽起來覺得像是什麼，就把它記下來。此外，文字很難表現鳴叫聲，因為聲音也有強弱之別。鳥兒究竟是以清澈又纖細的聲音鳴叫，還是強烈的聲音鳴叫呢？把這些配上你的擬聲詞記錄下來吧。

寫下擬聲詞吧

短翅樹鶯
徇～徇開叩

角鴞
卜波啾

金背鳩
貼嗞貼嗞貼嗞波～

綠繡眼
啾貝、啾貝、啾啾貝

燕子
嗞喊庫太、嘟了庫太、唏卜～噫

小杜鵑
頭叩　叩卡　叩庫

草鵐
噫批嗞　開伊啾　嗞卡馬嗞哩索囉

黑頭蠟嘴雀
喔唧庫　呢啾～嘻

139

雜木林中看得到的鳥

林中鳥的棲地區隔

　　雜木林中，有許多麻櫟或枹櫟等落葉闊葉樹木。在這種樹林裡，常見的鳥類有銀喉長尾山雀、小星頭啄木鳥、大山雀等種類。而常綠的闊葉樹一多，也能看得到赤腹山雀與大斑啄木鳥。見過大斑啄木鳥、日本綠啄木鳥、小星頭啄木鳥等啄木鳥科的人，一定會被牠們充滿逗趣的動作深深吸引吧。啄木鳥不會囀啼，而是用敲啄樹幹來傳遞訊息。如果是慢慢地「叩、叩、叩」的敲啄，那就是在尋找樹皮下的蟲子。「嗒啦啦啦～透」這種激烈快速的敲擊，則是在宣示地盤。

傾聽啄木鳥的敲啄聲

　　啄木鳥科的鳥，並不是完全不會啼叫。小星頭啄木鳥會發出「唧～」這種尖銳叫聲，大斑啄木鳥則是較響亮的「嗶悠～」叫聲。可是進入春天繁殖期時，大家都會敲擊樹幹，發出「嗒啦啦啦～透」的聲音，這是用來保護巢穴並宣示地盤，我們稱之為敲啄聲。啄木鳥用嘴在樹上挖洞，做成自己的巢。有時候能夠靠著牠們築巢時落在地上的木屑，來找到啄木鳥的巢穴。

觀察的重點

①春天至夏天時期，因為樹葉茂密，所以不容易看見鳥的身影。把牠們鳴叫的聲音、鳴叫的地點，例如是枝頭或樹幹等，都一一記下來。可以的話也調查一下樹的種類。

②是一隻鳥？還是一群？

③鳥類大多以昆蟲為食。對照第8頁後，想一想食物鏈的關係。冬天，牠們又是如何度過的呢？

黑頭蠟嘴雀

灰喜鵲

小星頭啄木鳥

大斑啄木鳥

短翅樹鶯

銀喉長尾
山雀

赤腹山雀

大山雀

141

大山雀的同類——可愛的黑白小鳥

記住黑色與白色花紋的差異

說到在樹林裡常見的鳥，那就是比麻雀還要稍微小一點、身上黑白紋路清楚的大山雀一類吧。除了有鮮明茶色的赤腹山雀外，其他幾乎都是黑白花紋不容易辨別，不過還是可以依照牠們頸部的紋路來辨識。這些鳥在住家附近也經常可以見到，是我們很熟悉的鳥類。而且我們也知道牠們是最善用掛在樹林中的巢箱的鳥。有人可能覺得只要掛上巢箱，各種鳥兒都會飛來使用。可是實際上，樹林裡只有大山雀這一類，而住家附近則只有麻雀、灰椋鳥等會來使用。

混雜群居的鳥

大山雀的同類除繁殖期之外，都是群居在一起的。而且大多數的鳥群中，還混雜著茶腹鳾、旋木雀等一些也住在雜木林中的鳥。茶腹鳾的日文發音與大山雀的名稱很像，但外表灰白相間並不起眼。牠們的尾巴短，而且能夠頭下腳上走下樹幹。至於旋木雀則多數會直接停在樹幹上，因此能與很少停在樹幹上的大山雀類做區別。

來觀察牠們的進食方式吧

一旦你發現正在吃樹木果實或昆蟲的大山雀類，就安靜地繼續觀察吧。如果牠們吃的是較大的果實或是昆蟲的幼蟲，就會用腳壓住食物然後用喙撕扯下來。像這樣會使用腳來輔助的鳥類有限，頂多是鷲鷹等猛禽類、烏鴉，還有綠繡眼及大山雀的同類而已。仔細觀察牠們為了不讓食物掉落，是如何喙腳並用的呢？

大山雀　　　煤山雀　　　褐頭山雀　　　銀喉長尾山雀

嗞～批～嗞～批～　　嗞拼嗞拼　　唏喊～唏喊～

喊～喊～喊、恰嗞恰嗞

在牠們進食時進行
觀察吧

吃幼蟲的大山雀

茶腹鳾

橘色

帶點藍的灰色

黑色的條紋

呼噫呼噫呼噫

用腳把食物壓住

143

調查鳥的活動範圍吧

鳥兒都有棲地區隔

　　水田或旱田、雜木林、河川旁、有許多針葉樹的高山……不同的環境，棲息於其間的鳥種類就會不同。雖然我們看不到界線，但鳥類之間是有明確劃分的生活空間。這就稱為「棲地區隔」。形成棲地區隔需要許多條件 ①落葉闊葉樹、常綠闊葉樹、針葉樹等林木的種類 ②樹林的情況（是日照充分的樹林，還是樹木茂密的陰暗樹林等） ③季節 ④白天或晚上 ⑤樹頂、中間、下方等1棵樹上的各個位置。

常會在樹的哪個部分呢？

　　來看看第⑤點，1棵樹上的棲地區隔吧。不同種類的鳥，會吃不同的食物，築巢的地點也不一樣。有的鳥以葉子上的蟲為食物，也有的鳥會停在樹幹上，以樹皮下的蟲為食物。1棵樹不會只被1種鳥獨占，而能夠彼此分享居住。如果想要調查鳥類的棲地區隔，就必須去觀察同一棵樹好幾次。雖然要花時間去觀察，但應該可以得到很有趣的結果吧。

繪製棲地區隔的地圖

　　因為鳥的活動範圍很廣，所以調查範圍也稍微擴大一點比較好。首先，可以依樹木的特徵簡單的畫一張圖。接著在發現鳥的地方做上記號，並且依種類在手繪地圖上用不同的顏色來辨別，或是用○△×等符號區別。有時候1次調查就能做出很多記號，有時候卻必須再回去好幾次才行。最後畫線把同樣的記號連起來。這樣就能分辨清楚活動範圍相似的鳥，與完全不同的鳥吧。

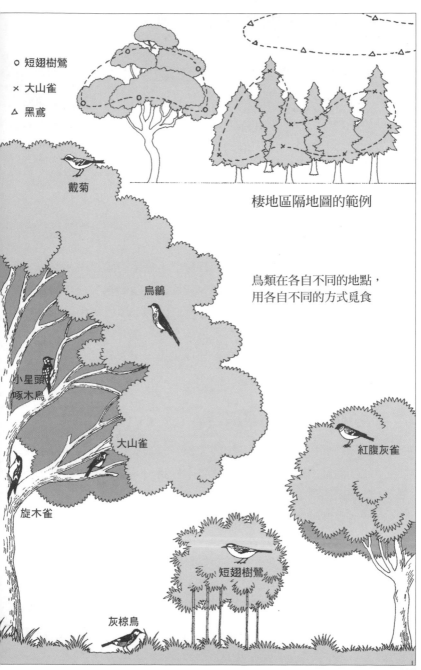

○ 短翅樹鶯
× 大山雀
△ 黑鳶

戴菊

棲地區隔地圖的範例

烏鶲

鳥類在各自不同的地點，
用各自不同的方式覓食

小星頭
啄木鳥

大山雀

紅腹灰雀

旋木雀

短翅樹鶯

灰椋鳥

在河邊看得到的鳥

什麼樣的地方會有什麼樣的鳥

　　河邊是個很適合觀察野鳥的好地方。有捕魚吃的鳥、捕河蟲吃的鳥，因為不會被樹木擋到，所以可以很清楚地看到。而整條河從上游到下游，環境也都各不相同。當你發現鳥的時候，記住牠們是在什麼地點、河床有多大、河流有多寬等這些環境是很重要的。

來尋找鶺鴒的同類吧

　　動作輕巧、飛翔靈活，而且會上下擺尾的鶺鴒，在河床上總能經常看見牠們可愛的身影。灰鶺鴒、白鶺鴒、日本鶺鴒都是一般常見的。在夏天與冬天，牠們的羽毛顏色會稍微不同，因為動作很有特色，所以不容易和其他鳥類弄錯。鶺鴒的飛行路線呈波浪形，有些能在空中捕捉昆蟲，但大多是在河邊或淺灘上尋找獵物。

善於俯衝潛水的翠鳥

　　翠鳥那巨大的喙與美麗的體色，讓初次見到的人都會讚嘆不已。而俯衝潛水捉魚的技巧也十分高超。牠會瞄準目標，然後急速俯衝潛進水裡捉魚。如果你看到翠鳥啣住魚從水裡飛起，就趕緊拿望遠鏡追蹤看看吧。牠飛行的方式是直線的。會先不斷地把捉到的魚敲打著樹枝，等魚不再掙扎後才吃掉牠。而且一定從頭部開始吞食。這一點無論哪種鳥類都一樣，為的是避免魚鱗卡在口中。翠鳥的同類，還有整個喙通紅的赤翡翠，以及黑白斑紋的冠魚狗等，牠們都棲息在溪流邊，但因為數量逐漸減少，所以發現的機會也少了。

白腹琉璃

翠鳥　　黃斑葦鷺

褐河烏

白鶺鴒
（夏）

日本鶺鴒

灰鶺鴒

白鶺鴒
（冬）

翅膀上的黑色
會變淡變灰

147

鴨的同類——相親相愛的一對

華麗的雄鴨與樸素的雌鴨

眾所周知，鴨子是秋天時會飛來日本的冬候鳥。在右頁的圖中，雖然沒有直接稱為鴨子的鳥，但有綠頭鴨、尖尾鴨等鴨子的同類。因為會來到城市裡公園的水池或沼澤地，所以是我們很熟悉的鳥。鴨的種類很多，但雄鴨都擁有華麗羽毛的特點，因此很容易記住。至於雌鴨雖然全都很樸素，比較難分辨，但牠們身邊大多有同類的雄鴨伴隨著。秋天才剛飛來的雄鴨，身上的羽色與雌鴨一樣樸素，很難區隔。然後經過了換毛期，就會長出顏色美麗的羽毛。鴨科和其他的鳥類不同，雄鴨會在冬季裡進行求愛的舉動以吸引雌鴨，並交配繁衍。

水面覓食的鴨與潛水覓食的鴨

鴨的同類，有分為在水面覓食的鴨，以及潛入水裡覓食的鴨。有些人也稱前者為陸鴨，後者為潛水鴨。水面覓食的鴨會吃浮在水面上的水草或種子等，如果水上的食物少了，就會把頭伸進水裡，以倒立的姿態吃水裡的植物，同時會拼命划動雙腳，目的是為了不讓身體浮起來。相較之下，潛水覓食的鴨在入水前，會往上挺起身體，這時你會以為牠要往上飛，但牠卻猛然地鑽入水中，過了一下子，再從另一個地方冒出來。牠吃的是魚或水中的植物。

觀察的重點

①數數看有幾種鴨子，每種各自有幾隻。

②潛水覓食的鴨，會潛水幾秒鐘呢？計時看看吧。

③觀察水面覓食的鴨使用腳的方法。把第一次看見鴨子的日期，也就是初認日，記錄下來。

水面覓食的鴨

捕獵方式

起飛方式

尖尾鴨

綠頭鴨

斑嘴鴨

鴛鴦

潛水覓食的鴨

捕獵方式

起飛方式

斑背潛鴨

鳳頭潛鴨

紅頭潛鴨

鵲鴨

泥灘地看得到的鳥

在泥灘地補充營養的旅鳥

泥灘地的泥土中，富含從河川帶來的大量有機物質。會吃這些有機物質的是微生物，而專吃這些微生物的是沙蠶及螃蟹等底棲生物，最後以這些底棲生物為食的水鳥就會聚集而來。鷸科或鴴科鳥類，是其中的代表。鷸科或鴴科鳥類在西伯利亞或阿拉斯加繁殖，8～10月的時候會過境日本飛往東南亞，並在那裡過冬。等到4～6月時再度經過日本，北上回家。行經日本，是為了休息與補充能量而過境的。這種鳥類，就稱為旅鳥。為了因應長途旅行所需，鷸科或鴴科鳥類的覓食活動，非常活躍。

冬季的泥灘地看得到的鴴科鳥類

走過泥灘地你就會知道，因為非常泥濘，所以沒有穿長統雨靴幾乎會寸步難行。這一點，鷸科或鴴科鳥類都有著很適合在泥灘地活動的體形。因為牠們有又細又長的腳，以及長腳趾，所以能輕鬆地走在泥濘上。雖然上一段有提到鴴科是旅鳥，但東方環頸鴴及劍鴴則是例外，牠們整年都會待在日本，在河邊或沙灘上，挖個很簡單的凹洞當成巢，並產下3～4顆卵。冬天泥灘地上能夠見到的，就是東方環頸鴴及劍鴴了。有時也能看見灰斑鴴的身影出現。

觀察的重點

①在泥灘地鄰近陸地的地方找食物呢？還是在浪潮拍打的地方找呢？依據鳥的種類調查看看。

②牠們吃些什麼東西呢？

③走路的樣子，頭或頸部擺動的樣子有沒有什麼特徵？

灰斑鴴

灰黑色與
白色的斑紋

黑色

東方環頸鴴

黑色部分中斷，
不形成條紋

近似黑色

白色部分中斷，
不形成條紋

劍鴴

比小環頸鴴的
喙還長

黑色條紋

黃色

眼睛四周是黃色的

小環頸鴴

有白色
條紋

胸前
有黑色條紋

黃色

蒙古沙鴴

橘色
（夏天的羽毛。冬天會變成褐色）

接近黑色

鷸的同類——在看不到的地方覓食

鷸科各式各樣的喙

觀察鷸和牠的同類（不以鷸為名，但以右頁圖為代表的鳥類們也屬於這一類），最有趣的就是喙的形狀了。這些喙的形狀都很不可思議，有的比頭還要長好幾倍，有的彎彎曲曲，有的前端扁平。可是當你看見鷸鳥在捕捉食物時的身影，就會不由得讚嘆這些形狀奇特的喙真是神奇極了啊。又細又長的喙，可以很方便地拉出躲在泥灘地洞穴裡的沙蠶。而前端扁平的喙，又很適合鑽入貝類稍微打開的縫隙中，把殼撬開。請利用望遠鏡，好好觀察牠們覓食的樣子吧。

用喙來覓食

鴴是用大眼睛，快速搜尋躲在泥土裡的貝類或蝦子，相較之下，鷸是不斷地把長長的喙插進泥土中覓食。雖然鷸的喙看起來似乎很堅硬，但是實際上在前端，尤其是上喙的部分是很柔軟的，而且聚集了很多神經，只要泥沙中的沙蠶或貝類稍微有點動靜，鷸就能夠敏感地察覺到。牠們會一邊用眼睛確認自己有沒有危險，一邊用喙來覓食。

觀察的重點

①觀察鷸進食的樣子。會將貝類連殼吃掉嗎？吃螃蟹會整隻吞下嗎？鷸飛走之後，請走到牠剛剛停留的地方，調查看看有沒有殘留些什麼東西。

②鷸挖出食物後，會立刻吃掉嗎？據說有種一鷸，會將捕獲的食物在水中洗一洗再吃掉，試著調查看看吧。

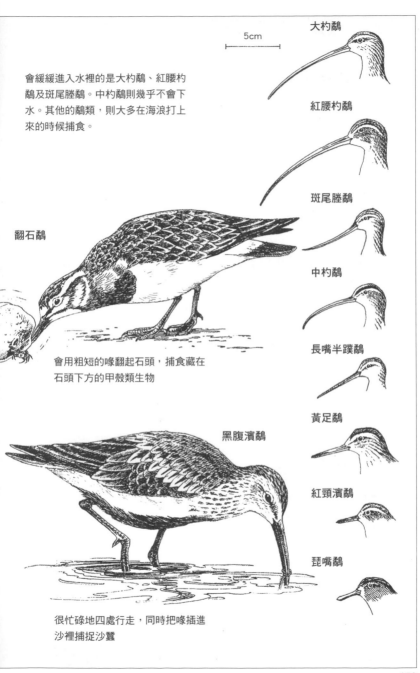

5cm

大杓鷸

紅腰杓鷸

會緩緩進入水裡的是大杓鷸、紅腰杓鷸及斑尾塍鷸。中杓鷸則幾乎不會下水。其他的鷸類，則大多在海浪打上來的時候捕食。

斑尾塍鷸

翻石鷸

中杓鷸

長嘴半蹼鷸

會用粗短的喙翻起石頭，捕食藏在石頭下方的甲殼類生物

黃足鷸

黑腹濱鷸

紅頸濱鷸

琵嘴鷸

很忙碌地四處行走，同時把喙插進沙裡捕捉沙蠶

海鷗——在空中悠遊翱翔

會告訴我們魚在哪裡的海鷗

悠然地揮動大大的翅膀，在海上或河口上空盤旋的海鷗，是秋天會造訪日本的冬候鳥。海鷗會從上空偵察海面、沙灘、泥灘等地，一發現魚或螃蟹就會急速下衝。因此只要有魚群的地方，上空就會有大量的海鷗，而漁夫們從以前就也知道海鷗能告知魚群的所在。日本看得到的鷗科鳥類，由體形大至小依序為銀鷗、黑尾鷗、海鷗、紅嘴鷗。

在同一個地方出現的燕鷗

海鷗的同類，在背部、喙、腳的顏色等方面都各有特色。不管是海鷗或紅嘴鷗，只要把常見的幾種牢牢記住，那麼就比較容易辨別了。與海鷗會出現在同一個地方的，是燕鷗。燕鷗的喙比海鷗的還要尖，也比較直，而且尾巴就像燕子一樣從中央分叉，所以馬上就能分辨出來。燕鷗是旅鳥，在春天與秋天都會造訪日本。此外，小燕鷗則是夏候鳥，在日本本州南邊的河邊或沙灘都看得到。

觀察的重點

①比較海鷗與燕鷗休息的樣子與飛行的樣子。

②比較冬天的紅嘴鷗與4～5月的紅嘴鷗。4～5月是換上夏季羽毛的時期，應該可以見到牠們的頭變成茶褐色吧。

③海鷗或黑尾鷗4～5月又會有什麼變化呢？

④如果外觀看起來是海鷗，但顏色卻不同時，有可能是年輕的海鷗。年輕的海鷗全身呈茶色。

⑤數數看，牠們一群的數量是幾隻。

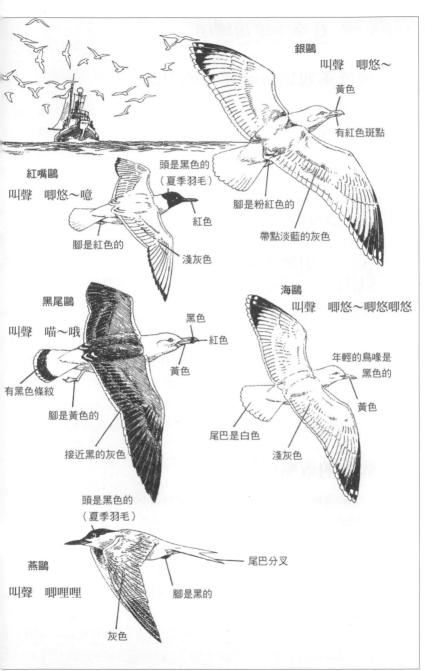

銀鷗
叫聲　唧悠～

黃色

有紅色斑點

腳是粉紅色的

帶點淡藍的灰色

紅嘴鷗

叫聲　唧悠～噫

頭是黑色的
（夏季羽毛）

紅色

腳是紅色的

淺灰色

黑尾鷗

叫聲　喵～哦

黑色

紅色

黃色

有黑色條紋

腳是黃色的

接近黑的灰色

海鷗
叫聲　唧悠～唧悠唧悠

年輕的鳥喙是
黑色的

黃色

尾巴是白色

淺灰色

頭是黑色的
（夏季羽毛）

尾巴分叉

燕鷗

叫聲　唧哩哩

腳是黑的

灰色

155

猛禽類──威猛的姿態

尋找鷲與鷹的同類

　　猛禽類，也就是鷹、鷲和貓頭鷹的同類等，在愛鳥人士間擁有很高的人氣。或許牠們那威猛的姿態與難得一見的身影，正是吸引人的原因。鷹鷲類屬於肉食性動物，主要以其他的鳥類、小動物、魚等為食。牠們乘著氣流在天空中滑翔，以銳利的眼睛尋找獵物。所以當你去海邊或山上時，不妨抬頭找找看，應該經常可以看見牠們在空中翱翔，不過也可能發現牠們棲息在樹頂或山崖上的身影。

以黑鳶為基準來做比較

　　在鷹鷲類中，最常見的就是黑鳶。擁有「批～咻囉囉～」這種特別叫聲的黑鳶，大多出現在海邊或河川邊，而且比起吃活的動物，牠們多半以死掉的動物或魚類為主食。只要能仔細觀察黑鳶並牢牢記住，等發現其他鷹鷲類時，就能輕易區別了。尾巴的形狀、翅膀的形狀，都是分辨時的重點。其中遊隼的特色是翅膀前端是尖的，而且也是猛禽類中飛行速度最快的。

鴟鴞類的叫聲是重點

　　鴟鴞類俗稱貓頭鷹，最大的特徵就是像戴眼鏡般並列在前方的雙眼，所以目視的方式與人類相似。貓頭鷹是夜行性動物，會獵食同為夜行動物的老鼠或蛇，而且翅膀能在飛行時不發出聲音以捕捉獵物。因為在夜晚中很難找到牠們的身影，所以要先仔細聆聽鳴叫聲。在闊葉林中發出「呴～呴～」叫聲的是褐鷹鴞。雖然異他領角鴞也會發出類似的聲音，但褐鷹鴞是「呴～呴～」兩個音之間有間隔，而相對的異他領角鴞則是持續不斷，所以能夠辨別。外觀上，兩者的頭部也長得完全不同。

黑鳶（老鷹）

約160cm

有白色斑點

尾巴呈撥片狀
或M狀

烏鴉展開
翅膀時的寬度
約100cm

黑鳶

遊隼

前端是尖的

尾巴很長

靜止的時候，尾巴
正中間會垂下來

魚鷹

腹部是白的

褐鷹鴞

眼睛是黃色的

貓頭鷹

眼睛是黑的

巽他領角鴞

眼睛是
橘色的

約30cm

約25cm

靜止時的大小約50cm

尋找食繭與足跡

會吐出無法消化物品的鳥

所謂食繭，就是當鳥吃掉整隻獵物時，把無法消化的部分以圓形狀態吐出來的硬塊。鷲、鷹或貓頭鷹等猛禽類，翠鳥、鷺科等水鳥，都會吐出食繭。猛禽類會一次吞掉整隻老鼠等小動物。這時胃部無法消化的骨頭與毛，就會被吐出來。鷺類則會把牠吞食的貝類或螃蟹等甲殼類無法消化的部分吐出來。

尋找食繭

在樹林裡走一走仔細看看地面，有時會發現一些掉落的食繭。以猛禽類來說，大多可以在鳥巢的附近找到，所以還可以悄悄搜尋一下四周，看看有沒有巢。鷺科的食繭，則多出現在棲息的地方。調查一下傍晚過後牠們成群聚集的地方，等白天鳥兒都離去之後再去找找看吧。

發現足跡，就把它畫下來吧

泥灘地或海邊，以及樹林裡較為潮溼的地方，都可能找到鳥的腳印。在依照117頁所提的腳趾形狀，以及119頁的步行方式進行觀察之後，就在筆記本上畫下來吧。測量過大小並寫下來會更正確。如果沒有帶量尺，那就與自己的手指長度或手掌大小比較後再記下來。也要看看牠們有沒有長蹼、腳趾的張開狀況如何、爪子有多長等，都要仔細記錄。目前還沒有很準確的足跡圖鑑，所以能自己製作野外筆記，一定更有趣。如果看到非常清晰的腳印，還可以用石膏做個模型哦。

調查食繭

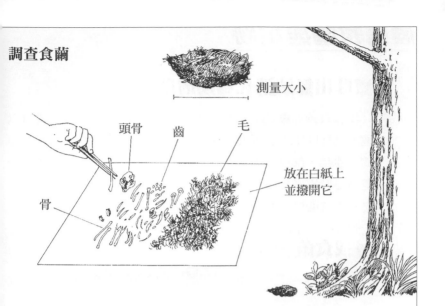

測量大小

頭骨　齒　毛

骨

放在白紙上
並撥開它

調查足跡

測量大小

記錄範例

4月1日　10點左右　陰天
相模川的河口

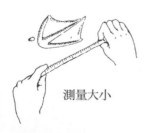

←8cm→

可以看見一堆腳印，
好像是烏鴉的。

相同的腳印，也有像
這樣排列的。

蹼

←6cm→

有蹼。上空有許多海
鷗在飛，所以我覺得
是海鷗的腳印。

159

候鳥的遷徙

漂鳥、夏候鳥、冬候鳥、旅鳥

靠著飛行而能夠大範圍移動的鳥類，會選擇適合繁殖的土地、適合越冬的土地來棲息。有些只是在同一個地方的高地與低地遷移，有些則會從國內的北方遷到南方。甚至還有些會從更高緯度的國家到日本來，又經過日本移往更南邊的國家。對鳥而言，國境是不存在的，單純是湊巧的距離延伸罷了。從高山到鄉間等在窄範圍移動的鳥稱為漂鳥，夏天來到日本的稱為夏候鳥，冬天造訪的稱為冬候鳥，而途中行經日本並稍作停留的稱為旅鳥。相對的，一直在同一個地方的就稱為留鳥。

夜間遷徙的鳥與日間遷徙的鳥

有關鳥類為什麼會進行遷徙的理由，至今仍不太清楚。可是，同一隻燕子能夠回到牠原先的巢裡，這就讓我們覺得鳥類具備了人類難以理解的能力。在日本看得到的大規模遷徙的鳥類，有水薙鳥、雁、鴨、燕鷗、鷸、鴴、鷺、鷹、燕子、鶯等鳥類。其中雁、鴨、鷸、鴴和多數的小型鳥，都是在夜間遷徙。能在白天看到遷徙的，則有鷺、鷹類及燕子。10月初左右，是很適合觀察鳥類遷徙的時期，此時要留意眺望天空。

觀察的重點

①發現鳥兒遷徙的時候，看一看牠們是一隻隻零散地飛行，還是成群結隊的飛行呢？
②記錄發現的時間，以及候鳥飛行的方向。
③看到的是漂鳥、夏候鳥、冬候鳥、旅鳥中的哪一種，利用圖鑑查查看吧。

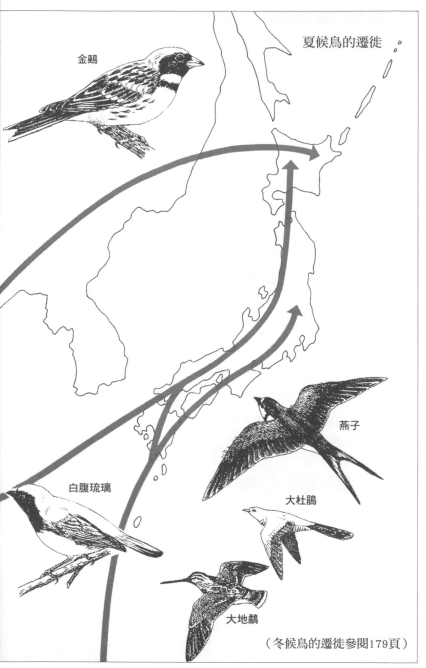

金鵐

夏候鳥的遷徙

燕子

白腹琉璃

大杜鵑

大地鶇

（冬候鳥的遷徙參閱179頁）

引鳥到身邊來〔1〕

製造鳥兒喜愛的環境

對鳥來說，有食物來源，而且能夠哺育雛鳥的地方，就是最舒適的居住空間。其中只要有食物的地方，牠們就會頻繁造訪。如果住家附近有一棵鳥兒喜愛的樹木，就能夠很輕鬆地享受到賞鳥的樂趣。有種植柿樹、火刺木、東瀛珊瑚、南天竹、硃砂根、日本女貞、山黃梔、茶花等樹木的庭院，應該會有各式各樣的野鳥來造訪。如果你打算開始種樹，那麼我推薦可以先種些火刺木、南天竹、南蛇藤等。

鳥兒帶來的禮物

當鳥兒前來造訪後，有時也會帶給我們意想不到的禮物。這禮物其實就是——鳥糞啦。而糞便中沒有被鳥消化的種子，會長出新芽。可以在陽台上鳥兒喜愛的樹木盆栽或餵食台，放上只裝了土的花盆，就可以期待這些種子的發芽了。此外，如果在陽台欄杆上發現鳥糞的話，用竹籤或鑷子撥開內容看看吧，說不定能找到種子哦。有時候，還可能會因為看到橡實那麼大的種子而嚇一跳呢。

在秋天掛上巢箱

雖然鳥兒是在初春開始築巢，但如果想要安置巢箱以便就近觀察築巢的時間，還是選擇秋天比較佳。因為如果春天突然放上巢箱，會讓鳥產生戒心而不會靠近。放置巢箱的位置，要選擇離餵食區有一段距離的地方，否則看見其他的鳥頻繁出現，會讓牠們無法安心築巢。如果要直接使用前一年的巢箱，就要趁秋天的時候將巢箱內打掃乾淨。

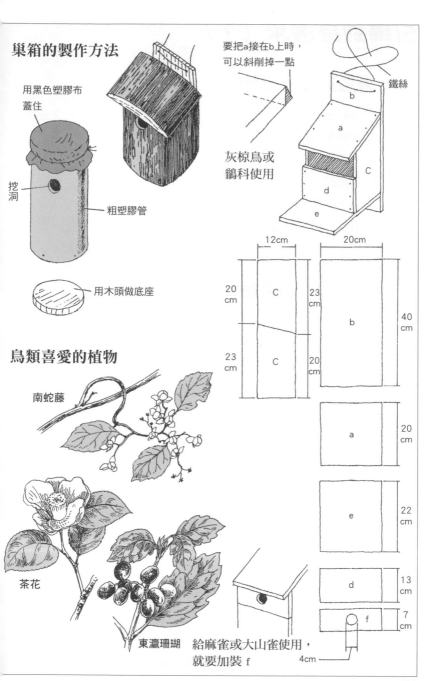

巢箱的製作方法

用黑色塑膠布蓋住

挖洞

粗塑膠管

用木頭做底座

要把a接在b上時，可以斜削掉一點

鐵絲

灰椋鳥或鶲科使用

鳥類喜愛的植物

南蛇藤

茶花

東瀛珊瑚

給麻雀或大山雀使用，就要加裝 f

12cm

20cm

20cm　C　23cm

23cm　C　20cm

40cm　b

20cm　a

22cm　e

13cm　d

7cm　f

4cm

163

引鳥到身邊來〔2〕

製造餵食區

一到冬天，城裡的鳥兒就會變多了，這是因為山上或森林的食物減少的關係。昆蟲不見了，樹木和草的種子，便成了鳥的唯一食物來源。所以冬天是最適合把鳥吸引到我們身邊的季節。餵食台是什麼樣式都可以，條件是要放在貓爬不上來、構不到，也無法從別的地方跳過來的高度。至於什麼樣的食物會吸引什麼樣的鳥來，就要自己試試看了。把餵食台做在可以從房間窗戶看見的位置，那麼即使天氣很冷的日子也能躲在房裡仔細觀察。對鳥來說，就算距離很近，只要隔著窗戶，牠們也能夠放心地展現自然的姿態。

製造飲水區

飲水區是指讓鳥兒喝水及洗澡的地方。淺一點的水盆比較好，所以可以選擇約3公分深的器皿。在陽台上，也可以利用墊在盆栽下方的淺盆。因為水很容易髒，所以要很勤快地每天更換。如果飲水區旁有能夠提供停歇的樹枝，就能看見鳥洗完澡後整理羽毛的樣子。

觀察的重點

①放置一些麵包、米、小米、葵花子、玉米等穀類，調查各種鳥類的不同喜好。

②放柿子、蘋果、橘子又會如何呢？

③把食物做出不同大小，如麵包撕成大小片後看看會如何。

④喜愛肥肉的鳥類，是什麼樣的鳥呢？

⑤在水的旁邊放果汁看看，會怎麼樣呢？

⑥觀察牠們喝水的方式，是直接把喙放在水裡喝嗎？

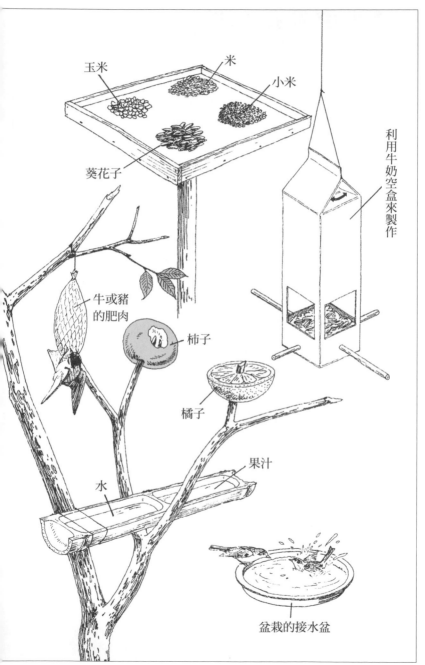

玉米

米

小米

葵花子

利用牛奶空盒來製作

牛或豬的肥肉

柿子

橘子

水

果汁

盆栽的接水盆

165

下雨天也來觀察吧

鳥兒會怎麼樣呢？

　　下雨的時候，鳥兒們怎麼辦呢？如果是毛毛雨的話，大部分都還是會照常飛行。畢竟鳥總是用脂肪整理羽毛，所以水會彈開。那麼，如果下了大雨呢？請你穿上雨鞋、雨衣，出門走一趟吧。鳥兒們會如何呢？是不是會看見有的鳥在躲雨，但也有停在電線上淋雨玩耍的調皮鳥兒呢。

昆蟲會怎麼樣呢？

　　在花朵附近飛舞的蝴蝶與蜜蜂等昆蟲，下雨時怎麼辦呢？繁茂的枝葉，剛好是昆蟲用來避雨的地方，還有樹葉的背面等，都要仔細看一看。幾乎所有的昆蟲都很怕雨，所以應該會在各種地方躲雨，趁機好好觀察牠們吧。此外，下雨天也是非昆蟲類的蝸牛、蛞蝓等生物最活躍的時刻。你可以跟在牠們後面，看看牠們究竟會爬到哪裡去。

植物會怎麼樣呢？

　　下雨天最顯生意盎然的，應該就是植物了。在城裡會因為下雨而洗去植物上的灰塵，讓樹木的綠葉重現光澤。那麼，花兒又會如何呢？依植物不同，有些花朵會在下雨時閉合起來。蒲公英呢？堇菜呢？還有身邊看得到的各種雜草花呢？進行雨天觀察時，要當場做筆記並不容易，那麼回到家一定要立刻記錄下來喔。

雨天時的鳥

雨天時的蝴蝶與蜘蛛

也來觀察雨天時的蒲公英吧

晴天的時候，用噴霧器在蒲公英上面澆人工雨水，花也會緊閉起來

雙筒望遠鏡的使用法

選擇7～8倍率的望遠鏡

望遠鏡上，會有7×20或8×30等數字，前面的數字表示倍率，後面的數字表示口徑，也就是物鏡的直徑。最適合賞鳥的是7～8倍率、30～35公釐口徑的望遠鏡。倍率高雖然能夠讓目標看起來很大，卻不容易立刻聚焦在目標物上。而物鏡的直徑雖然越大視野會越明亮，但物鏡一大，望遠鏡就會變得很重。當你購買望遠鏡時，要考慮可能會用一輩子，所以要選擇可信賴的品牌。

記住使用方法

如果調整不正確，眼睛就容易疲勞。一開始的調整是很重要的。
①雙眼的間隔每個人都不相同。要彎曲望遠鏡的弧度，確認幅度讓視野變成一個完整的圓形。
②決定一個目標物。首先用左眼看，調整中心對焦輪讓焦距對上。
③接著用右眼看。如果焦距不對，這次就調整屈光度調整環。
④睜開雙眼，如果目標物看起來是一個完整個體，那麼就是正確的調整。

反覆練習

如果左右眼視力相同的人，應該不需要進行③的步驟吧。動過屈光度調整環的人在數字上做個記號即可。這麼一來就算調整環被動過了，也能簡單地調整回來。還不習慣的時候，很難立即看清楚目標物。所以對著不會動的目標多練習幾次吧。等熟練之後，你就能夠尋找到鳥的身影了。

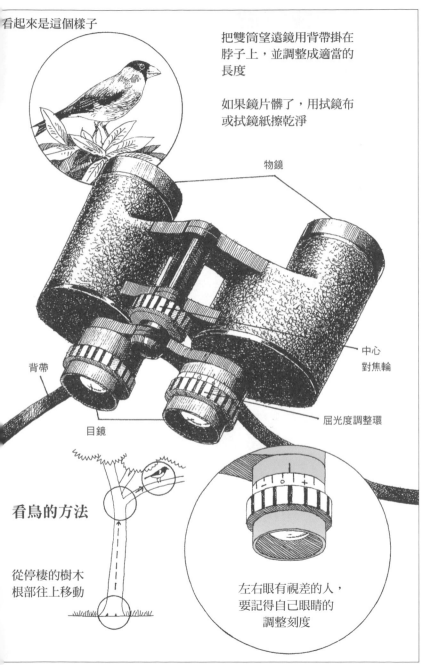

看起來是這個樣子

把雙筒望遠鏡用背帶掛在脖子上,並調整成適當的長度

如果鏡片髒了,用拭鏡布或拭鏡紙擦乾淨

物鏡

中心
對焦輪

背帶

屈光度調整環

目鏡

看鳥的方法

從停棲的樹木根部往上移動

左右眼有視差的人,要記得自己眼睛的調整刻度

錄下鳥的聲音吧

重點是避免錄到雜音

　　錄音必要的工具有錄音機和麥克風。拿家裡現成的錄音工具就可以了。如果是內建式的麥克風，錄起來總是混雜了機械聲音，所以最好是用外接式的麥克風（如果要購買的話，就選擇單一功能的）。錄下鳥叫聲的重點，就是不要有雜音。首先嘗試錄下住家附近的麻雀或棕耳鵯的叫聲，並聽聽看效果如何。只要直接用手拿著麥克風，似乎就會錄下雜音，所以請戴著手套拿吧。

使用集音器

　　為了消除雜音，並集中鳥的聲音清晰地把它錄下來，就需要集音器。塑膠製的碗碟狀集音器，到大型的電器行就買得到，但也可以利用雨傘自己製作。這是一位名叫中坪禮治先生發明的方法，能夠非常清楚地錄下鳥鳴聲。製作時，要準備一把透明的塑膠傘。先把傘柄的部分用火烤過後拔下。接著再趁熱把握柄插在雨傘的尖端，這樣就完成了。麥克風朝向雨傘內側中心，用膠帶固定住。在試錄的階段，先用耳機聽聽看，然後把麥克風安裝在聲音最大的位置上。

一早就出發吧

　　準備好，就立刻出發吧。如果要錄下鳥兒的囀啼，春天到夏初的清晨最好。就算是陰天也無所謂，重要的是選擇無風的日子。因為風聲會變成雜音被錄下來。一開始錄音時，要先錄下年月日、地點，以及天氣等說明。

集音器的製作方法

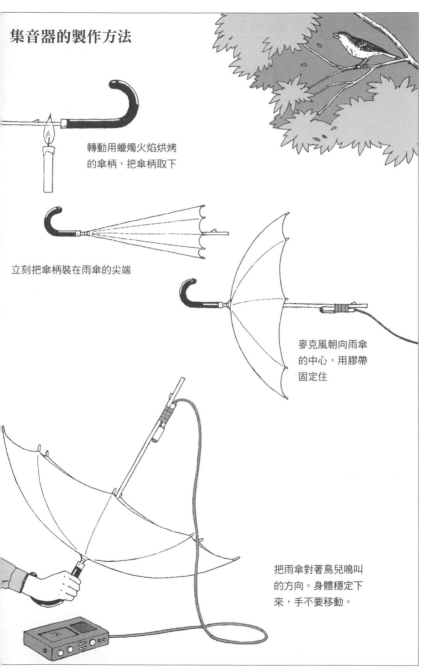

轉動用蠟燭火焰烘烤的傘柄，把傘柄取下

立刻把傘柄裝在雨傘的尖端

麥克風朝向雨傘的中心，用膠帶固定住

把雨傘對著鳥兒鳴叫的方向。身體穩定下來，手不要移動。

參加賞鳥活動

與不知名鳥兒相遇的樂趣

與鳥兒親近的捷徑，就是參加賞鳥活動。跟著熟悉鳥類的人們一起出去，能夠學到很多東西。如果是自己一個人，可能只知道那是一種稀有的鳥，但是鳥類的專家們，就會告訴你鳥的名稱、習性、叫聲等。看著眼前的鳥兒身影，一邊聽著解說，印象就會非常深刻。雖然目的不是要你盡可能記住更多的名稱，但只要知道名稱，就會更有親切感。我們人類也一樣，知道對方的名字，是增進彼此交情的開始。野鳥協會在全國各地都設有分會，也還有其他的賞鳥社團，可以翻翻報紙的活動專欄或上網找找看。

賞鳥活動的禮儀

參加賞鳥活動，能認識許多同好。每一個人都是因為愛鳥，而能自然和其他人熟稔起來。只要遵守以下的禮儀，就能度過快樂的時光哦。

①在約定好的時間、地點準時集合。

②聆聽指導人員的說明，並遵從指示。

③不要大聲喊叫與交談。這是為了避免驚嚇鳥類。要聊天請等到賞鳥活動結束後。

④如果有不懂的問題，要小聲並積極地詢問指導人員。

善用自然觀察活動吧

賞鳥活動的目的就是為了觀察鳥類。此外，還有「聽蛙鳴的集會」或「鼬鼠觀察聚會」等其他各種自然觀察的活動。這些活動多半是在暑假時舉辦，只要積極地參加，就能在假期時擁有感受大自然的機會。

記錄範例

1985.12.15　大晴天　無風晴朗穩定
拍市、手賀沼、大堀川周邊　同行者　松岡、里內

羅紋鴨
骨頂雞
尖尾鴨
斑嘴鴨
小水鴨
琵嘴鴨
紅冠水雞
青足鷸
田鷸
蒼鷺

冠羽　縮著脖子
黃色
灰色
蒼鷺
黑
飛行姿態悠然自得
├────── 140cm ──────┤

看到秧雞
還有一大群麻雀，數量非常多

紅嘴鷗
斑鶇
金背鳩
水鷚
白鶺鴒
日本鶺鴒
田鷚
紅頭伯勞
棕耳鵯
小嘴鴉

'86.4.19　高尾山（6號道路）繞行

回程走東海道自然遊步道

F.B.C例行會
陰天　15人參加
隊長　八鍬

烏鴉（唧唷～唧唷～）
灰鶺鴒（喊晴喊晴，今天很少看到）
日本鶺鴒（群集在沼澤邊覓食）
短尾鶯（在沼澤深處的草叢裡）
大山雀（吱吱批～吱吱批～）
煤山雀（聲音比大山雀低，秋晴秋晴）
草鶯（簡單來說……就是拼命囀啼）
小星頭啄木鳥（叩吱 叩吱，呈波浪狀飛行）
日本綠啄木鳥（嘩悠～悠 嘩悠～悠，但沒有看到身影）

黑
黃
波～波～
响噎嘻～

黑頭
蠟嘴雀
灰色

飛起來會看見白色
花紋，比鴿子小隻

生物月曆

生物名稱		1	2	3	4	5	6	7	8	9	10	11	12
麻雀	留鳥								繁殖期				
大山雀	留鳥												
燕子	夏候鳥												
小燕鷗	夏候鳥												
小環頸鴴	夏候鳥												
大杜鵑	夏候鳥												
大杓鷸	旅鳥												
小白鷺	留鳥												
鷿鷉	留鳥												
短翅樹鶯	漂鳥				這個時期返回鄉間			越過高山					
綠頭鴨	冬候鳥												
斑鶫	冬候鳥												
紅頭伯勞	留鳥												
黑鳶	留鳥												
貓頭鷹	留鳥												

去河口賞鳥

觀察時的用具與服裝（108頁）

雙筒望遠鏡的使用法（168頁）

黃斑葦鷺

哇啊，
看起來好近哦
數量好多呀

小水鴨
（雌）

（雄）

10月初前後
會造訪日本的冬候鳥，
對了，牠們快要
回去北方了

赤頸鴨
（雌）

（雄）

眼睛周圍的
顏色不一樣呢

記住雄鴨
就可以哦

所有的雌鴨
都長得好像
根本分不清啊

用望遠鏡看仔細
再和圖鑑比較看看

冬候鳥的遷徙

　　秋天從北邊的國家飛來過
冬，到了春天又飛回北邊國
家的鳥，就叫做冬候鳥。包
括雁、鴨、天鵝、斑鶇、黃
尾鴝、田鷸、鶴等。在你居
住的土地上，能看見哪些冬
候鳥呢？找出這些遠渡重洋
而來的鳥吧。

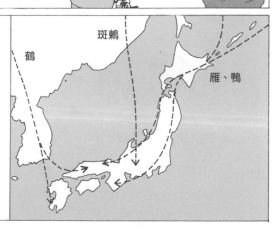

斑鶇

鶴

雁、鴨

候鳥的遷徙（160頁）

泥灘地看得到的鳥（150頁

你看，海上飛的是什麼鳥？

牠在做什麼呀

是燕鷗

好厲害啊！

我肚子也餓了

在海邊吃飯糰，真棒！

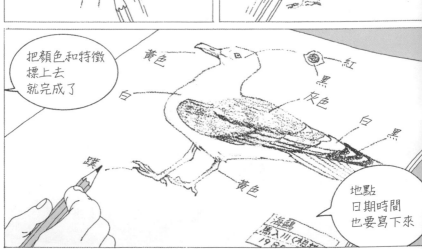

猛禽類──威猛的姿態（156頁）

尋找食繭與足跡（158頁

回到家之後……

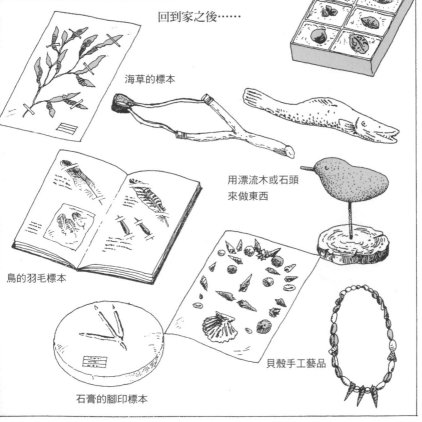

海草的標本

用漂流木或石頭
來做東西

鳥的羽毛標本

石膏的腳印標本

貝殼手工藝品

外形相似的犀鳥與鵎鵼

　　如果你覺得某種鳥和另一種鳥很相像，那麼大多是因為牠們在分類上很相近。可是，也有些鳥雖然分類上差得很遠，卻因為生活在同樣的環境下而導致外形很相似。犀鳥與鵎鵼就是這樣的例子。犀鳥居住在東南亞及非洲，大大的喙，幾乎占了身體的3分之1至一半。上部的喙還有盔突，屬於佛法僧目。另一方面，鵎鵼（巨嘴鳥）則住在中南美洲，而且也擁有同樣大的喙，卻屬於鴷形目啄木鳥科。無論是犀鳥與鵎鵼，都是住在熱帶雨林中，以樹實或果實為主食，有些也會吃昆蟲或蜥蜴等。牠們應該不可能飄洋過海往來，彼此也從沒見過面，但在我們看來竟然如此相似，都是顏色很鮮明，引人注目的鳥。去動物園參觀的時候，要仔細看看哦。此外，在分類上差很遠，卻因為住在草原這個環境而無法飛行的鳥，駝鳥與鴯鶓，外形也很相似。

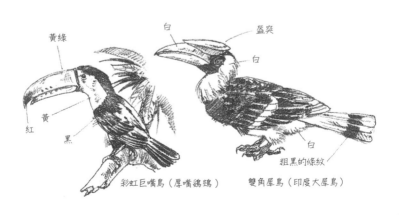

黃綠

白

盔突

白

黃

紅

黑

白

粗黑的條紋

彩虹巨嘴鳥（厚嘴鵎鵼）

雙角犀鳥（印度大犀鳥）

哺 乳 類

觀察時的用具與服裝

哺乳類

　　哺乳類被分類在脊椎動物門之下的一綱。而哺乳，就是以餵乳養育子女的意思，因此所有的哺乳類動物，生下小孩後都會餵食母乳養育後代。此外，也有人稱哺乳類為獸類。這是因為哺乳類身上都覆有體毛，所以才這麼稱呼。哺乳類的特徵，是為了適應周遭環境與生存，而在體形及生活型態上呈現多樣化。家鼠、藍鯨，還有我們人類，全部都是哺乳類。全世界約有4600種，而日本境內約有100種哺乳類。

適應黑暗

　　大部分的哺乳類都是夜行性的。白天能看見的哺乳類，只有猴子、鹿、髭羚、松鼠等。因此要觀察大部分的哺乳類，都要在夜間進行。我們人類並不適應黑暗，但是如果在黑夜中暫時待一段時間，就能稍微看得見了。所以首先要讓五感沈澱下來。只要視線習慣了，就能看見動物些微的動靜，而仔細傾聽，也就可以聽見細微的聲音了。

用紅色玻璃紙包覆手電筒

　　當然，行動時手電筒是不可少的，而為了要空出雙手，戴頭燈比較方便。如果感覺有動物的氣息，不要急忙往那個方向照，要從四周逐漸把光線移近。夜行性動物對於紅光的反應較為遲鈍，所以用紅色玻璃紙包覆手電筒，才不會嚇到動物。也要小心摩擦衣服所發出的聲音。活動時不要穿著會發出聲音的衣服，選擇不太會發出腳步聲的鞋子也很重要。就算是夏天的晚上也會有些涼意，所以不要忘記防寒準備。

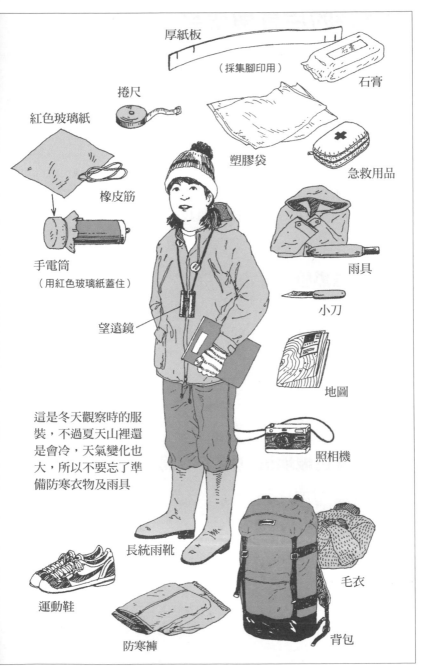

厚紙板
（採集腳印用）
石膏

捲尺

紅色玻璃紙

塑膠袋

急救用品

橡皮筋

手電筒
（用紅色玻璃紙蓋住）

雨具

小刀

望遠鏡

地圖

這是冬天觀察時的服裝，不過夏天山裡還是會冷，天氣變化也大，所以不要忘了準備防寒衣物及雨具

照相機

長統雨靴

運動鞋

防寒褲

毛衣

背包

189

觀察時的注意事項

前去觀察時人數要少

為了要了解哺乳類住在什麼地方，過什麼樣的生活，就必須進入牠們生活的地方，也就是說，我們得侵入牠們的生活領域。如果用謙虛低調的態度造訪，牠們也就能安心地展現日常生活的樣態，可是如果我們太過粗率的行動，牠們也會一下子就躲起來，並且離我們越來越遠。所以如果要觀察哺乳類，那麼最好只有少數人同行。盡量找能夠低調、迅速、安靜地進行同樣活動的伙伴。

切忌心急，耐心等待

第一次觀察的人，可以與經常進行動物觀察的人一起前往，或是參加觀察活動。就算沒辦法馬上看到哺乳類，也不要失望，觀察哺乳類時最重要的就是耐心等待。乖乖安靜地等，運氣好的人第一次就能遇到，但有的人去了4～5次後才看到。正因為如此，一旦遇到了就會倍感高興，而且就算不能看見實際的身影，也能找到腳印、糞便、吃東西的痕跡、巢穴等吧。這些就是白天觀察的重點了。推測那是屬於什麼動物所留下的，也是一種樂趣。

了解哺乳類的活動時間

儘管哺乳類幾乎都是夜行性，但也沒必要整晚都醒著等待。日落後到10點前，以及日出前的幾個小時，是動物們最活躍的時段。因此只要配合時間，進行觀察的準備即可，就算只能睡5～6個小時，對身體都會比較輕鬆。白天有機會見到的鹿、髭羚、松鼠等，主要活動時間也是在日出或日落時分。

找出動物的通道吧

猴子

哺乳類主要的活動時間
（白色部分）

明明有道路，兩側卻有草
和樹枝突出而難以
行走，這多半是
動物的通道
（獸徑）

松鼠

老鼠

白頰鼯鼠

鹿

貉

蝙蝠

191

住家附近的哺乳類

尋找鼴鼠的隧道

鼴鼠就在我們住家不遠處。話雖如此，問題是也要看看你住在什麼地方。在日本，如果是有蚯蚓出沒的土地，應該就能夠找到鼴鼠吧（不過，北海道並沒有鼴鼠）。鼴鼠會在地底下挖隧道，並在隧道裡來回視察，看看有沒有食物會掉下來。牠的主食是蚯蚓、昆蟲的幼蟲、螻蛄、蝸牛等。鼴鼠是個大胃王，一天可以吃掉高達50～60隻的蚯蚓，大約等於自己體重的量。鼴鼠挖掘洞穴後，那塊土地會隆起，因此可以找找看有沒有那樣的地方。

住家附近看得到的老鼠

野鼠或家鼠等，都不是正式的名稱。一般只是稱在家裡附近看得到的老鼠為家鼠，在自然野外看得到的老鼠為野鼠。家鼠中也有分成小家鼠、玄鼠、溝鼠3種。小家鼠無論家裡面有什麼東西，只要是人吃的牠都吃，而如果是在野外，就吃昆蟲或植物的根部等。醫學實驗用的白老鼠，就是從這種小家鼠改良而來的。

玄鼠與溝鼠

玄鼠與溝鼠在身形外貌上十分相似，但是喜愛住的地方完全不同。玄鼠多半會住在家裡的天花板等一般較高的地方，如果你看見在屋簷上或電線上奔跑的老鼠，那一定就是玄鼠。溝鼠就像牠的名稱一樣，喜歡下水道、河岸邊等潮溼的地方。住家附近看見的老鼠是屬於哪一種，不只可以從牠的體形大小、顏色、耳朵大小判斷，還可以從發現的地點來進行調查。

玄鼠　　鼷齒目　鼠科

耳朵比溝鼠的還大

頭身長 16～18cm
尾長 18～20cm

小家鼠

頭身長 約7cm
尾長 約6cm

鼴鼠隧道

溝鼠

頭身長 22～24cm　尾長 16～20cm
體形雖然比玄鼠大，
但耳朵卻比較小

鼴鼠

鼩形目　鼴鼠科

眼睛很小，幾乎
看不見。靠氣味
覓食

草叢中看得到的老鼠

給人可愛印象的野鼠

老鼠的種類有1000多種。約占哺乳類全體（約4600種）的4分之1以上。而其中因為3種家鼠給人的印象很強烈，所以總有人一聽到老鼠這個名詞，就會皺眉頭。可是只要看過野鼠，就會因為那可愛且有趣的動作，而對老鼠的印象完全改觀。住家附近的草坪，以及河堤等一般常看得到的，是巢鼠與田鼠。牠們靠吃草或樹根、穀類等食物維生。

用草築成圓形巢的巢鼠

老鼠是一整年都可以觀察到的。而且牠們不太怕人，所以也可以靠近一點去看。如果看見了蘆葦地或茅草叢，留意一下葉子上是不是有不一樣的地方，並且小心地走過去吧。巢鼠會先咬下葉子前端弄軟，並靈巧地築出球狀的巢。如果你發現了巢，就把地點與巢的大小記錄下來。檢視巢的內部，不要把巢搗壞了。冬天時，巢鼠會在地下挖隧道過冬，所以大部分的巢就會空了下來。

來觀察田鼠與巢鼠吧

巢鼠身體的顏色，是接近橘色的明亮色系，但田鼠的體色卻是暗的褐色。巢鼠的尾巴比身體還要長，而田鼠的尾巴卻相當短。田鼠會在地表淺層挖隧道，整年都住在裡面，並且在隧道裡築巢。田鼠與巢鼠大多都是在天亮前或日落後的幾個小時裡出來覓食。白天，我們要先找到巢或地道出入口，到了牠們覓食的時間再等在附近觀察。

巢鼠　　翻齒目　鼠科

長長的尾巴
捲起來

主要吃草的果實
或樹木的果實

在芒草或日本榧的
莖與葉的交接處，
築圓形的巢

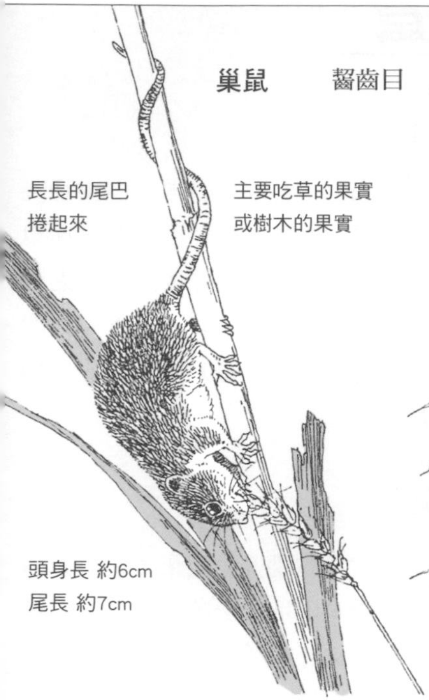

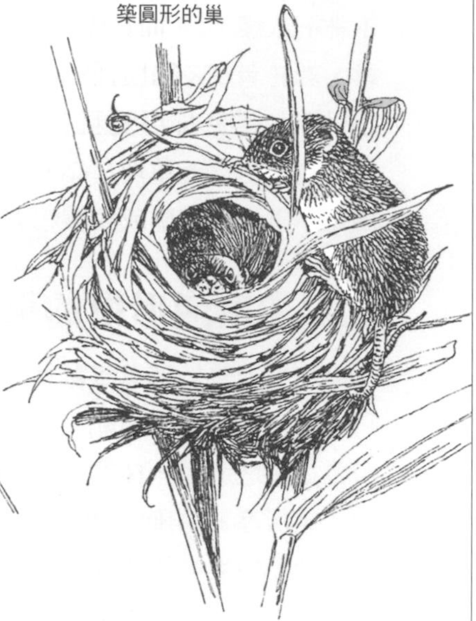

頭身長 約6cm
尾長 約7cm

田鼠　　翻齒目　鼠科

頭身長 約10cm
尾巴很短

會在草原或旱田的地下
挖長長的隧道，並居住
在裡面

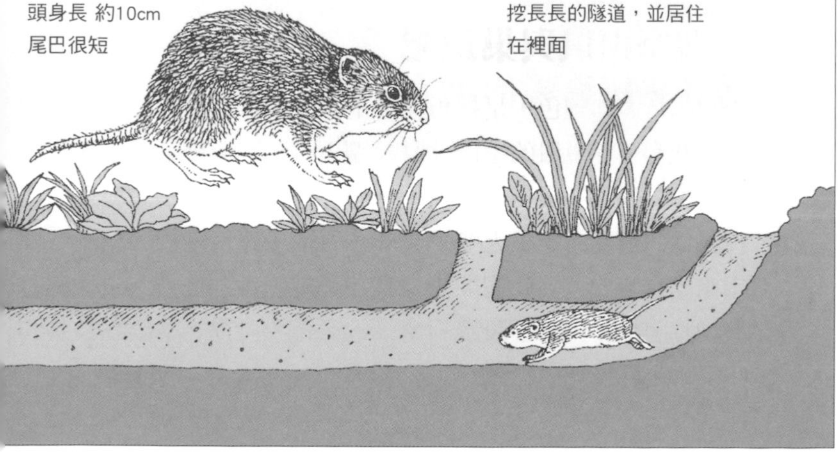

樹林裡看得到的老鼠

非常喜愛樹木果實的老鼠

試著從平地稍微往山上的方向去吧。有許多麻櫟、枹櫟的雜木林，水櫟、日本山毛櫸、楓，以及低矮的榛木混雜的落葉樹林，對於老鼠及松鼠類而言是非常棒的居住地點。到了秋天，橡實等各種樹木果實紛紛落到地面，就成了牠們的主食。牠們最愛的是胡桃。在樹實結滿的時期，牠們可是非常忙碌的。如果吃不完，牠們就會貯存起來。

姬鼠的生活

日本大姬鼠是日本落葉林帶中常見的代表性老鼠。在稍微高一點的地區有日本姬鼠，針葉林帶中則是安氏絨鼠。日本大姬鼠會挖掘地道，並在其中分別製作睡覺的房間、貯存食物的房間、廁所等。可是牠們也會在地道以外的地方貯存食物，就好像不放心把大量的金錢藏在同一個地點似的，而會把重要的糧食分散存放。對我們來說寬闊又難掌握的樹林，在日本大姬鼠的腦子裡，卻似乎能完整描繪出自己居住土地的地圖。而牠貯存起來的食物，則是為了作為在糧荒時期的主要食物。

尋找姬鼠喜愛的地方

要找日本大姬鼠，去哪裡找比較好呢？行走時仔細注意地面，就可以看見樹實的殘渣。通常貯存了許多食物的地方，也會是牠們進食的地點之一。此外，牠們也喜愛樹根的凹洞處、道路兩旁陷下去的地方，總之就是易於躲藏的地方。先找到這些地點，然後在天亮前或日落後的幾個小時裡，準備好觀察的用具，出門去吧。

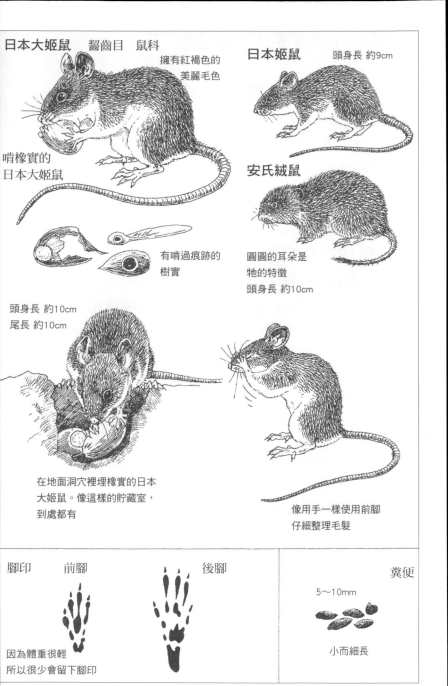

日本大姬鼠　齧齒目　鼠科

擁有紅褐色的
美麗毛色

啃橡實的
日本大姬鼠

有啃過痕跡的
樹實

頭身長　約10cm
尾長　約10cm

在地面洞穴裡埋橡實的日本
大姬鼠。像這樣的貯藏室，
到處都有

日本姬鼠　　頭身長　約9cm

安氏絨鼠

圓圓的耳朵是
牠的特徵
頭身長　約10cm

像用手一樣使用前腳
仔細整理毛髮

腳印　　前腳　　　　　　後腳

因為體重很輕
所以很少會留下腳印

糞便

5～10mm

小而細長

197

松鼠——與橡實的互助合作

貯存食物的習性

松鼠與老鼠，是非常相近的同類。用手遮住松鼠膨鬆的尾巴看看，會是什麼樣呢？應該很像老鼠吧。牠們的生活習性也很像。主要吃樹木的果實，也有吃不完就貯存在土裡或樹洞中的習性。除了橡實與胡桃，松鼠也吃松樹或杉樹的果實。因此混有針葉樹的明亮樹林中，多能見到松鼠的身影。

幫助橡實發芽

松鼠應該是能記住四處藏匿的樹實，並且全部吃掉吧。但實際上不知道是忘記吃，還是吃不完，總之還是有些樹實沒被挖出來。而那些儲藏的地方就會長出樹木的新芽。橡實如果只落在地上，是很難發芽的，而且也不耐乾燥，所以很快就會枯死了。但因為被埋在土裡，所以能獲得充足的水分而發芽。可是，如果被帶到像花栗鼠那樣地底深處的地道裡，也無法發芽。松鼠所埋的地下深度（3～4公分）是最剛好的。橡實的發芽，據說都是因為松鼠或老鼠忘記挖出存糧來而造成的。這是生活在樹林裡的植物與動物之間的奇妙關係。

在天亮與黃昏時分觀察

在日本，能夠見到日本松鼠、北海道松鼠、北海道花栗鼠、伊豆大島的赤腹松鼠等。其中只有北海道花栗鼠會挖地道並冬眠。其他的松鼠都是在樹上生活，要覓食時才會來到樹下。大多樹的松鼠會在天亮與黃昏時分出來活動。

北海道花栗鼠

冬天在耳朵的
頂端會有毛

北海道松鼠

北海道松鼠
不會冬眠

（冬毛）

北海道花栗鼠會在地底的
巢穴中冬眠

冬天在耳朵的
頂端會有毛

（夏毛）

日本松鼠

齧齒目　松鼠科

可以靈活地
運用前腳，
就像手一樣

頭身長 約20cm
尾長 約15cm

日本松鼠
不會冬眠

會在樹枝分叉的地方，用小
樹枝及樹皮築巢。裡面鋪滿
了樹葉與草。每年繁殖2次

吃過的痕跡。
善於將胡桃剝開

腳印

後腳

前腳

約3cm

糞便

約5mm

凌凌亂亂地
四處分散

199

白頰鼯鼠與日本小鼯鼠——滑翔高手

看得到白頰鼯鼠的地方

白頰鼯鼠與日本小鼯鼠，都是老鼠與松鼠的同類。可以像用手一樣使用前腳進食。不同的是牠們很少到地面上來，幾乎都在樹上生活。如果要從這一棵樹移動到另一棵樹上時，就會展開前腳與後腳之間的膜，從空中滑翔過去。白頰鼯鼠會把大的樹洞當成巢。所以要找到白頰鼯鼠，首先要找到有大樹的地方（日本小鼯鼠的生活也很類似）。說到有大樹的人類居住的地方，那就是廟宇了。可以到附近有大樹的寺廟，找找看吧。

日落前那一刻，在大樹旁等待

如果發現大樹上有樹洞，就先確認看看有沒有爪子抓過樹皮的痕跡。用來做巢的樹洞周圍，有用爪子抓過，所以顏色會比其他部分來得淺，像既粗糙又新鮮的樹皮。如果樹根附近，有又小又圓一粒粒的糞便落在那裡，就能更加確定那是白頰鼯鼠的窩巢了。一旦確認了巢的位置，傍晚就在能清楚看到樹洞的地方等著。要事先準備好包著紅色玻璃紙的手電筒，還有望遠鏡。日落後，首先能聽見「嘎」或「啾嚕嚕」的聲音，那是白頰鼯鼠的叫聲。用手電筒照，就會看見樹洞裡有一雙發亮的眼睛。白頰鼯鼠的夜間活動就要展開啦。

白頰鼯鼠的食物

白頰鼯鼠會吃樹芽、葉子、花、果實等。也和老鼠或松鼠一樣吃橡實。從巢的旁邊，用力把後腳一蹬，就能在天空滑翔的白頰鼯鼠，會從一棵樹移動到另一棵樹上，然後再度攀上樹幹，又從高的地方滑到下一棵樹上。請仔細觀察牠們的移動方式，以及在樹枝上進食的方式。

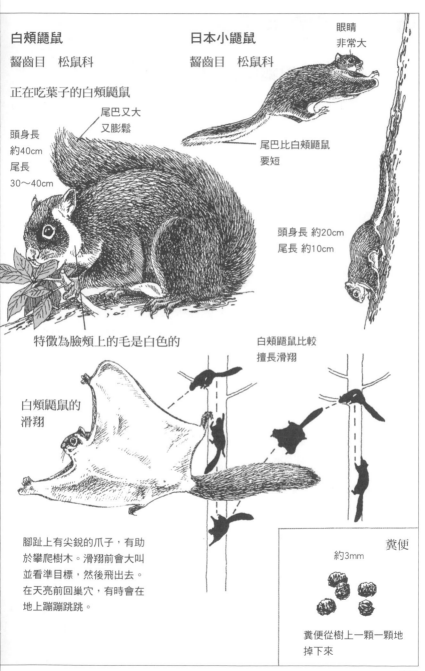

白頰鼯鼠

齧齒目　松鼠科

正在吃葉子的白頰鼯鼠

頭身長
約40cm
尾長
30～40cm

尾巴又大
又膨鬆

特徵為臉頰上的毛是白色的

日本小鼯鼠

齧齒目　松鼠科

眼睛
非常大

尾巴比白頰鼯鼠
要短

頭身長 約20cm
尾長 約10cm

白頰鼯鼠比較
擅長滑翔

白頰鼯鼠的
滑翔

腳趾上有尖銳的爪子，有助
於攀爬樹木。滑翔前會大叫
並看準目標，然後飛出去。
在天亮前回巢穴，有時會在
地上蹦蹦跳跳。

糞便

約3mm

糞便從樹上一顆一顆地
掉下來

蝙蝠——會飛的哺乳類

試著畫出蝙蝠的樣貌吧

當有人叫你試著畫出蝙蝠來時，你畫得出來嗎？試著把右邊的頁面遮住，自己畫畫看吧。和畫鳥、松鼠或貉的時候不太一樣，很難吧。頭是什麼樣子？身體呢？手腳呢？飛翔時的膜呢？能夠立刻聯想到洋傘的人，也算挺厲害的。和傘骨相對應的，正是蝙蝠前腳的腳趾。腳趾伸長，趾間有膜。臉部則依種類而不同。白頰鼯鼠與日本小鼯鼠都只能從高往低的地方滑翔，而哺乳類中只有蝙蝠可以像鳥一樣的飛翔。

尋找晚上的光源

令人意外的是，蝙蝠離我們其實很近。晚上，可以試著找找街燈等光源處。蝙蝠的食物，就是如39頁所出現的趨光性昆蟲。蝙蝠白天會在屋簷下、樹洞中或洞窟裡休息，一到傍晚就會開始活動。大部分的蝙蝠都會發出人耳聽不到的超音波，超音波遇到獵物等障礙物就會反射，蝙蝠銳利的耳朵一聽見，便會朝獵物的那個方向飛去。因此，再怎麼黑暗，也不會有相撞的情形發生。

觀察蝙蝠白天休息的樣子

想要好好觀察蝙蝠的外觀，可以在白天前往蝙蝠休息的地方。首先，要收集有關蝙蝠的情報。如果是在寺廟的或民宅的屋簷下就很容易觀察，可是如果是在洞窟裡，千萬不要一個人前往，一定要有人陪伴同行。要穿防滑的鞋子和不怕弄髒的衣服，戴上工作手套再出門。在洞窟裡使用頭燈會比較方便。蝙蝠是用什麼樣的姿勢休息，糞便又在哪裡，調查看看吧。

馬鐵菊頭蝠
（蹄鼻蝠科）

頭身長
約6cm
在低空緩緩飛行
捕捉昆蟲。白天
則成群在洞穴中
休息

頭身長
約20cm
因為吃果實
所以也叫
果蝠

小笠原狐蝠
（狐蝠科）

翼手目

長翼蝠
（蝠蝠科）

東亞家蝠
（蝠蝠科）

頭身長 約5cm
吃昆蟲。
白天大部分都在民
宅的屋簷下休息

頭身長
約6cm
吃昆蟲。
白天在海岸附近
的洞穴成群休息

野兔——卓越的跳躍力

依環境而改變毛色的野兔

說到兔子，似乎與我們很親近，可是野兔和其他大多數的哺乳類動物一樣，是夜行性的，所以一般在自然狀態下我們很少有機會看到。可是如果運氣好的話，清晨或黃昏走進山裡，就有機會能看到。夏天是褐色的毛，而冬天下雪時見到的野兔，毛色變白的機會也多。兩者都是能融入該季節的環境而不顯眼的顏色。一到了冬天氣溫下降，四周開始降雪變成一片銀白的時候，野兔的毛也會逐漸變白。而當天氣再度回暖時，白毛就會掉落，新的褐色毛就會長出來。而不下雪的地方，野兔的毛則不會變白。

野兔覓食的方法

野兔靠著吃樹芽、葉子、樹皮等植物維生。一般野兔的糞便都是一顆一顆的，偶爾也會排泄出較軟的糞便，野兔就會把它吃掉。就算你看到在洞穴中休息的野兔吃自己的糞便，也不是因為食物不足，而是因為再度吃下柔軟的糞便，營養能夠更進一步吸收。最後，牠們就會排出一顆一顆的糞便。

特徵是後腳的腳印比較長

野兔後腳印比較長的特徵，讓人一眼就能夠辨別。尤其是雪地上的腳印非常清楚，要找到很容易。就算你不是住在雪國的人，如果有機會去滑雪場的話，也不妨留意尋找一下。從步伐的幅度，可以分辨野兔像是平常般地走路還是在跳躍。測量腳印與腳印之間的距離，寫在野外筆記中。同時也記下牠們是直線行走，還是彎曲前進。

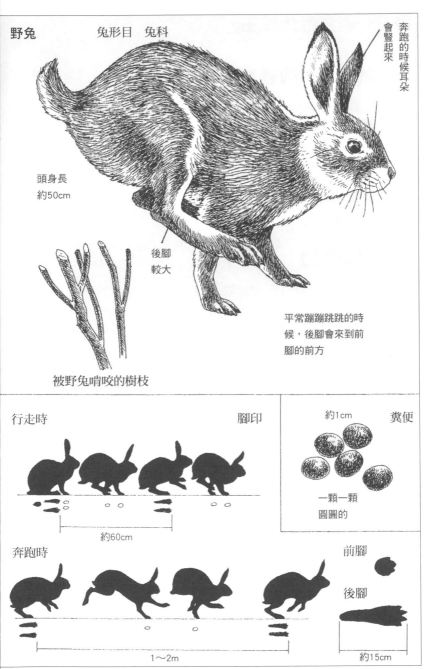

野兔　兔形目　兔科

奔跑的時候耳朵會豎起來

頭身長約50cm

後腳較大

平常蹦蹦跳跳的時候，後腳會來到前腳的前方

被野兔啃咬的樹枝

行走時　　　　　　腳印

約60cm

奔跑時

1～2m

約1cm　糞便

一顆一顆圓圓的

前腳

後腳

約15cm

貉——雜食性大胃王

各式各樣的豐富食物

貉是雜食性動物。從昆蟲、蛞蝓、蚯蚓、蜈蚣、青蛙、螃蟹、魚等動物，甚至橡實等樹實或果實都吃。因為貉的食物非常多種，所以很難見到牠們狩獵的情形。雖然偶爾也會攻擊鳥或蛇類，但終究還是比較常見到牠們把鼻尖探入落葉裡，在地面上磨蹭著、躡手躡腳地尋找食物。似乎天生有著慢吞吞的悠哉性格呢。

與貉相遇

因為貉是雜食性的動物，所以也常吃人類的剩飯。在日本靠近樹林的民家，常常會發生突然看見貉的事。首先就先收集這些情報吧。也有人會餵食（定期餵養野生動物，讓牠們習慣），讓貉主動靠近。貉會在黃昏左右開始活動。是一公一母？還是較多成員的全家出動呢？5～6月是貉生產的季節，因此從夏季到秋季也能看見幼貉的身影。白天的觀察，就是去找腳印及糞便。尤其貉排便時，都是定點排便的，所以要找很容易。堆糞的地方就是貉的公共廁所，家族成員和同類都會來相同的地點排泄。

獾與貉的不同

獾有時會被錯認為貉。仔細觀察貉之後再看看獾，就會發現兩者之間的差異了。首先獾的腳比貉的要粗短，看起來好像全身從上方被壓扁的樣子，臉上的雙眼部分有黑色的線條。日本有些地方稱獾為「mujina」，有些地方稱貉為「mujina」，試著調查看看吧。

貉 食肉目 犬科

頭身長 50～60cm
尾長 約20cm

嬉鬧的幼貉

黑色部分往橫向延伸

腳很細

幼貉成長很快，大約半年就能長成與父母一般大

排便定點

獾 食肉目 鼬科

黑色部分是縱向延伸

貉會利用樹的洞穴或岩石裂縫作為巢穴。愛乾淨，所以不會在窩裡排便，一定會在固定的廁所排泄

爪子很長

腳很粗

前腳彎向內側

後腳，有腳後跟

貉的腳印

約4cm

前腳　後腳

糞便

約6cm

約50cm

鼬──樹林中的打獵高手

鼬是老鼠的天敵

鼬的行動十分敏捷。鎖定了獵物之後，會以迅速的跳躍力飛撲上去。肉食性，主要以老鼠為食，不過也會吃雛鳥或鳥蛋、青蛙、螃蟹等。因為老鼠危害甚大，所以放養老鼠的天敵，鼬，結果造成鼬的數量過多，反而去襲擊飼養的雞隻，這種情形時有所聞。人類為了配合自己的需求，而去隨意操縱自然界的生物，其實並不是一件容易的事。身為打獵高手的鼬，捕捉老鼠時的凶猛姿態，也許會令你吃驚，但那也只是自然生態的一部分啊。

與鼬相遇

鼬既會出現在樹林裡，也會出現在農田或民宅附近。因為野鼠是牠的主要食物，所以往野鼠多的地方去找就對了。牠也喜愛水邊，有一堆魚或螃蟹屍體的漁港邊，以及河川旁也能看到牠。另外還可以留意樹林附近的民宅垃圾場，還有山中小屋的垃圾集中處。鼬比較常在天剛亮時與太陽下山後活動。母鼬只有公鼬的一半大小。

尋找排便定點

鼬無論是奔跑或爬樹都很靈活，因為腳趾之間有蹼，所以也會游泳。活動時間是在夜晚，所以很難看到牠的身影。但只要白天能仔細找出腳印或糞便，就能發現牠們吧。排便習慣與貉相同，都會在同一個地方做定點排便，糞便比起貉的更小更細長。鼬似乎能透過聞排便定點的糞便，了解附近有什麼樣的同伴在行動。有時候排便定點也會堆得像小山一樣高。

鼬　食肉目　鼬科

眼睛周圍是黑色的

頭身長 約30cm
尾長 約12cm
母鼬只有這個的
一半大小

下顎是白色的

一激動就會
放出臭氣

捕捉老鼠的鼬

與身體相較之下，
手和腳都很大

一次跳躍
可以前進約1m

腳印

前腳　後腳

約3cm

約30cm

糞便

約2cm

在固定的地方
排便

狐——敏銳的聽覺與嗅覺

日本紅狐與北狐

　　貉與狐都是犬科動物。可是狐比較接近我們所熟知的犬的外形，而且比犬還要瘦一點。狐的嘴巴前端較尖，有較長的膨鬆尾巴。住在日本本州、四國、九州的日本紅狐，與其他哺乳類一樣，因為居住的林地銳減，以及遭到人類的捕獵，因此數量逐漸地減少。而住在北海道的北狐，由於自然環境比起其他地方還要好，因此見到牠們身影的機會也比較多。如果你有機會前往北海道，一定要問問當地人有關狐的出沒地點，然後觀看牠們的自然生態吧。

與狐相遇

　　狐的食物主要為野鼠與野兔等。不管多麼細微的聲音，都逃不過牠的耳朵。有時也會襲擊鳥類。此外秋天的時候也會吃樹實，以及民宅的剩飯。能看見貉的地方，大概就能看見狐的蹤影，因為是天剛亮時及入夜後行動，所以要進行夜間觀察。只要靜靜地在可能看到狐的地方等待，就能看見牠在警戒四周環境的狀態下出現。會將頭靠在地面聞味道的貉，以及會抬起頭環顧四周的狐，你可以將兩者進行一番比較。

分辨狐與貉的方法

　　這裡所指的並不是外形。因為兩者不只行動的地點重疊，甚至連糞便和腳印都很相似。狐的糞便，有一端比較尖因此能夠區別。腳印的部分，將腳印畫線連接起來，會發現狐的腳印接近一直線。這是因為狐的胸部寬度比貉小。

狐　食肉目　犬科

頭身長 60～70cm
尾長 40～50cm

日本紅狐　悄悄靠近獵物的日本紅狐

尾巴尖端是白色

跳向獵物，用前腳壓住

北狐

比日本紅狐稍微大一點

尾巴尖端是白色

特徵是腳的
前端有清楚
的黑色

狐會挖掘巢穴，並在裡面產子。
春天生下的幼狐，到了秋天就會獨立

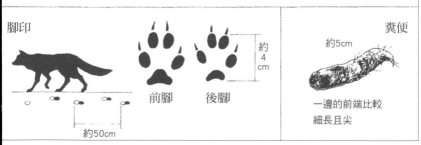

腳印

約4cm

前腳　後腳

約50cm

糞便

約5cm

一邊的前端比較
細長且尖

野豬──最愛洗泥巴澡

無法在雪國居住的野豬

請參閱227頁的野豬分布地圖。野豬只分布在西日本一帶，這與當地是否積雪有關。仔細看看野豬的身體，就會發現大面積比例的身體，以及短短的腳，只要積雪厚達30～40公分以上，野豬就無法行動了。所以野豬擁有的體形並不適合居住在會下雪的地方。以同樣的觀點，也來思考鹿及髭羚的體形，與牠們分布區域的關連吧。

有蹄的野生動物

在日本，有蹄的野生動物，有鹿、髭羚及野豬。雖然山羊、牛、馬也都有蹄，但牠們都被當成家畜豢養著。而這3種野生動物，都是每隻腳上各有兩個大蹄和兩個小蹄，有這種蹄的動物就稱為偶蹄類。可是儘管同樣都是偶蹄類，野豬卻有個不同之處，可以看看牠們的腳印。鹿和髭羚並不會留下小蹄的腳印，但是野豬所有的蹄都會接觸地面。此外，反芻（將吞進胃裡的食物吐回嘴裡再嚼）是偶蹄類的特徵，但只有野豬是例外，牠不會反芻。

尋找泥沼地

野豬棲息在離人類村落很近的山裡，但因為是夜行性動物，所以不太有機會能見到。可是一旦確認某處是安全的地方，有時候也會不怕人而在白天跑出來活動。雜食性，所以會用鼻子挖土，吃些植物的根、樹實、蚯蚓、青蛙、昆蟲等。食量非常大。此外，還有用爛泥摩擦身體的習慣。野豬在泥地挖洞並在裡面洗泥巴澡的地方，我們也稱為泥沼地。

日本野豬　偶蹄目　豬科

脖子很短

常常在樹幹或石頭上拼命摩擦身體。似乎是為了要擦掉泥巴，並將身上的寄生蟲除掉

上下的犬齒變成獠牙

在挖土的時候，會用堅硬的鼻尖壓住，然後左右擺動頭部挖掘

在溼地裡挖掘洞穴，或在泥沼中翻滾、睡覺。這是為了去除寄生蟲並在身上印下氣味

乳豬

幼豬身上有紋路，此時的幼豬稱為乳豬。紋路約6個月後會消失

野豬會挖土、收集草來築巢，並在裡面生產

腳印

約9cm

約50cm

糞便

約7cm

沒有固定形狀。也有更小的糞便

鹿——與同伴一起生活

與鹿相遇

鹿遍布於日本全境，除了像奈良公園一樣特別保護的地方外，並不是任何地方都能夠輕易看見牠們的蹤影。如果你想看鹿，那麼首先要收集「某處可以看見鹿」的資訊。鹿多半會出現在有傾斜坡地的樹林中。這種時候就要選擇視野良好的對面斜坡，當作觀察地點。只要知道牠們經常出現的地方，就在白天去那附近走走，確認是否有糞便或吃東西的痕跡。找到的話，那麼在白天看見的可能性也會提高，因為鹿的活動範圍並不太會改變。

進食的地點與反芻的地點

鹿會吃草、樹葉、樹芽、樹皮等。你可以一大早到鹿常出沒的覓食點去。切忌發出聲音，靜靜地行動吧。仔細觀察牠們吃東西的樣子，以及公鹿的角的形狀，並數一數有幾頭。公鹿與母鹿的區別也要記錄下來。等到太陽高高升起，鹿就會停止進食離開。鹿會在早晨和傍晚進食，而白天與晚上則是一邊反芻一邊休息。反芻的地點與進食的地點不一樣。如果在樹林裡散步，也有可能看見牠們反芻的場面。

鹿1年中的生活

鹿大抵上分為母鹿與小鹿一群、公鹿一群各自生活。一到秋天的交配時期，才會有公鹿與母鹿在一起的情形。5～6月是生小鹿的時期，所以母鹿會變得較為敏感且具有攻擊性，因此觀察時要特別小心。就算看到了小鹿，也千萬別去靠近牠或伸手摸牠。

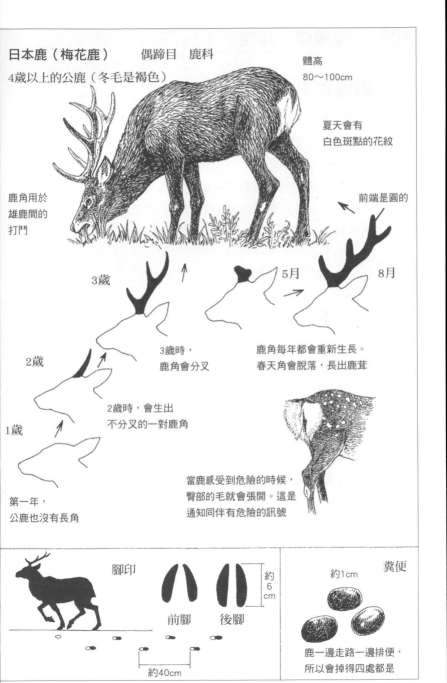

日本鹿（梅花鹿）　　偶蹄目　鹿科

4歲以上的公鹿（冬毛是褐色）

體高
80～100cm

夏天會有
白色斑點的花紋

前端是圓的

鹿角用於
雄鹿間的
打鬥

3歲

5月

8月

2歲

3歲時，
鹿角會分叉

鹿角每年都會重新生長。
春天角會脫落，長出鹿茸

1歲

2歲時，會生出
不分叉的一對鹿角

第一年，
公鹿也沒有長角

當鹿感受到危險的時候，
臀部的毛就會張開。這是
通知同伴有危險的訊號

腳印

約6cm

前腳　　後腳

約40cm

糞便

約1cm

鹿一邊走路一邊排便，
所以會掉得四處都是

髭羚──挺拔的姿態

與髭羚相遇

要看到髭羚，比要看到鹿還困難許多。除了牠的數量很少之外，牠們的體色是灰或褐色，在樹林裡很難發現。比較容易看到的季節是冬天。使用望遠鏡，就能夠看見一片銀白的雪地中，髭羚正在啃著樹枝的身影。但是，冬天在山上觀察常常伴隨著危險，一定要請熟悉山路的人，或是請經常進行動物觀察的人帶你一起去。

尋找磨角的痕跡

髭羚主要吃草、樹葉、樹實等。會在清晨與傍晚進食，白天與晚上反芻，並在岩石陰涼處休息。公羊與母羊都有既短且尖銳的角，並常常會用這些角去磨樹。這個稱為磨角的動作，除了磨角本身外，還有畫下自己地盤的意味。同時牠們也會將眼睛下方的眼下腺分泌出來的液體，塗抹在樹幹上。像這種做記號的動作，也稱為標記。白天走在森林裡，是否有看到樹木的表皮被摩擦過呢？試著找找磨角的痕跡吧。

來觀察腳印與糞便吧

如果有機會看到髭羚的話，那真的是很幸運。可是那的確不太容易，因此我們先專注於尋找磨角的痕跡、腳印、糞便吧。腳印雖然與鹿相似，不過要稍微大一點、圓一點。無論地面是堅硬還是柔軟的，牠們都會隨之調整蹄的開闊狀況。在岩石上方，就會用這樣子的蹄一步一步地夾著地面攀爬上去。髭羚會在同一個地方排便，而鹿會邊走邊排便，所以看看糞便是否成堆，就可以與鹿做區別。

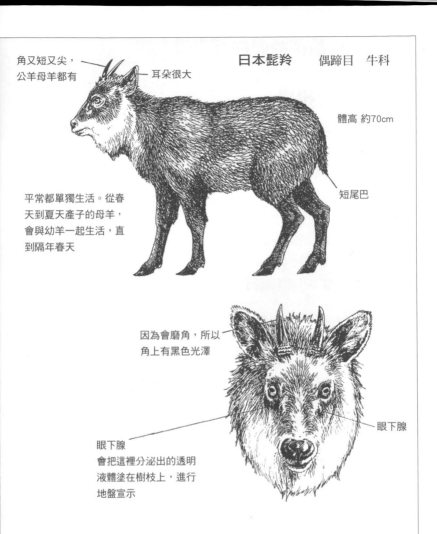

角又短又尖，
公羊母羊都有

耳朵很大

日本髭羚　偶蹄目　牛科

體高 約70cm

平常都單獨生活。從春
天到夏天產子的母羊，
會與幼羊一起生活，直
到隔年春天

短尾巴

因為會磨角，所以
角上有黑色光澤

眼下腺

眼下腺
會把這裡分泌出的透明
液體塗在樹枝上，進行
地盤宣示

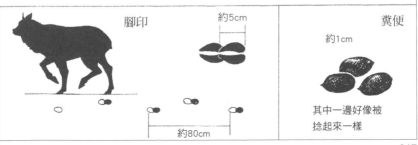

腳印

約5cm

糞便

約1cm

約80cm

其中一邊好像被
捻起來一樣

猴子——觀察牠們的行為很有趣

與猴子相遇

猴子是群居動物，為了覓食活動範圍很廣，主要的食物是樹實、樹芽、樹葉與草葉等。到了冬天，一旦沒有這些食物時，就會刨下樹皮來吃。走在山裡或河邊，可能有機會看見野生猴子。大多時候都是突然間從一棵樹跳到另一棵樹上，接著就消失無蹤了。不過如果隔一段距離的話，牠們就會比較放心且鬆懈。在大多數為夜行性動物的哺乳類中，猴子是少數的日行性動物。在日本，能確實看見猴子的地方，就是野猿公園了（229頁）。這是個定期餵食、野生猿猴會前來造訪的地方。

觀察牠們的行為

進食的時候，是如何使用手呢？又是用什麼姿勢進食呢？母猴、小猴或成年猴子之間的理毛動作也要仔細觀察。相互理毛是與彼此信賴的對象之間進行的行為，是一種愛的表現。而從背後攀爬在其他猴子的背上，這種行為叫做跨騎，常見於公猴之間宣示地位的場合，表示騎在同伴背上的那隻比較強勢。無論是跨騎或是相互理毛，也會在同伴之間增進情誼時使用。母與子、公猴與公猴、公猴與母猴之間等，什麼樣的組合會進行這些行為呢，來觀察看看吧。

在野猿公園內要遵守的事項

①不要擅自餵食。只要看到食物，猴子可能會整群包圍過來。
②雖然與母猴在一起的小猴很可愛，但絕對不要伸手去摸。母猴會大叫引來猴王，有可能會威嚇你。
③當猴子威嚇你的時候，就避開牠的目光。看牠的話，牠會更進一步威嚇。

日本獼猴　靈長目　猴科

跨騎

食物減少時，就會
啃下樹皮來吃

頭身長
約60cm
尾巴很短

宣示力量的強弱。
交配時也是用這種姿勢

相互理毛

多見於母猴與
小猴，以及感情
好的同伴之間

猴子相互理毛的
舒適姿態

腳印

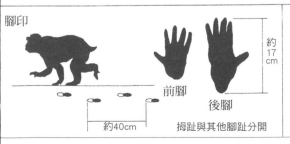

前腳

後腳

約17cm

拇趾與其他腳趾分開

約40cm

糞便

吃的東西不同，糞便大
小、形狀也不太一樣。
跟狗的糞便很像

觀察糞便吧

糞便告訴我們些什麼？

　　看見落在地上的糞便，就能知道動物的名字並不容易。可是從形狀、大小大致猜出來應該是辦得到的。松鼠、白頰鼯鼠、日本小鼯鼠、野兔、鹿、髭羚等，都以草、樹葉等植物為食，所以排出來的糞便都是一粒一粒圓圓的。味道也不太難聞。然而以動物當食物的哺乳類，就會排出細長、有黏性的糞便。如貉、獾、狐、野豬等。越新排出的氣味就越臭。此外，也有四處散落的糞便與集中在一處的糞便。會進行定點排便的，包括貉、獾、貂、髭羚等。

記錄的方法

　　如果發現糞便的話，首先要測量大小，並把它畫下來。接著試著用木棒撥開糞便。大部分在以動物為食的哺乳類糞便中，都能看見毛、骨、齒、爪子等。到這裡，是所有人都能輕易做到的觀察方法，如果你還想更進一步詳細的調查，就把糞便帶回家吧。用手隔著塑膠袋抓起糞便，接著反折塑膠袋把糞便裝起來，然後放進另一個塑膠袋，就能避免氣味跑出來了。把帶回家的糞便用紙杯等容器裝起來，再以熱水溶解後，倒在薄紙上。接著用酒精（藥房買得到）來清洗，找出毛、骨、牙齒等，之後晾乾。在野外筆記裡，記下日期時間、發現地點、畫下標示大小用的素描，同時把從糞便中找出來的東西，用樹脂貼在旁邊，或是用膠帶黏上也可以。有時候也會找到塑膠袋或橡皮筋等東西，這顯示牠曾經在一般民宅附近出沒。如果找到樹實的話，把它埋在盆栽的淺層處吧，就能期待到底會長出什麼植物的芽哦。

把塑膠袋當成手套
拿起糞便

木棒攪拌。
用熱水比較容
易溶解

鋪在薄紙上

記錄範例

10月15日　群馬縣水上町，農舍的後山
(9:00)　　大概是排出很久的糞便了，
　　　　　又黑又硬

── 有2個

約4cm

從糞便中找出來的東西

── 像是鳥的羽毛

── 毛

── 牙齒

── 種子

10月15日
(10:20)

── 數量很多，都硬掉了，
　　似乎是絡的

約5cm

雖然試著溶解糞便，
但線索太細了，分不太清楚

── 塑膠袋　　── 橡皮筋的
　　　　　　　　　一段

── 釘書針

竟然有這些東西，
是吃人類的剩飯時，
一起吃進去的嗎？

221

追蹤腳印進行推理吧

早起很重要

　　因為哺乳類大多是夜行性的，所以我們睡覺的時候，正是牠們活躍覓食的時間。而當我們醒來之後，牠們又會躲到某個安全的地點休息。能了解牠們夜間活躍行動的線索，就是腳印。腳印很容易留在沙、泥、雪地裡。如果想要去看腳印，就要趁早出門尋找，否則在強烈的陽光照射下，或是風吹、雨淋之下，腳印很快就會變形消失了。

循著足跡前進

　　首先，要想想這是什麼動物的腳印。接著再想想走路的方式，是緩慢前進，還是步伐匆忙？如果腳印變深變大，可能是動物停下腳步，正在側耳傾聽也說不定。如果腳印到了樹前面就消失，那麼一定是爬到樹上去了，是不是被敵人追趕呢？這樣的話，附近會不會有其他的腳印？像這樣追著足跡進行推理，可能就會發現意想不到的動物毛塊，或是鳥的羽毛等。首先把動物行動的目的，認定為覓食即可。至於是自己去覓食，還是被當成食物追捕，哪一種情況比較多呢？

把自己當成這種動物，進行推理

　　有些動物總是單獨行動，也有些動物則是一直跟著同伴一起行動。與同伴一起行動的動物腳印，數量既多且複雜。可是仔細查看之下，就很像A與B一樣，還是會出現差異的。牠們各自進行著什麼樣的行動呢？請充分運用你的想像力，享受推理的樂趣吧。

前一天晚上，雪地上
發生了什麼事情呢？
試著推理看看吧

松鼠似乎
逃到樹上
去了

野兔遭到襲
擊了，應該
是狐做的

貂在樹下來回
徘徊後離去

松鼠

野兔

在樹附近
消失了

貂似乎發現
松鼠了

老鼠

應該是進入
地底下的巢穴或
地下通道去了

貂的糞便

223

尋找自然界的洞穴

以洞穴為居所的動物

　　自然界中，有在樹幹上的洞穴、樹根處的洞穴（這兩種在本書中都稱為樹洞）、土斜坡上的洞穴、岩石縫隙形成的洞穴，以及洞窟等各式各樣的洞穴。動物就是利用這些洞穴，來當成巢穴。本書中所舉的動物例子中，利用樹幹上樹洞的，有白頰鼯鼠與日本小鼯鼠，偶爾也會有松鼠使用。利用根部樹洞的，是貉、白鼬，較大的樹洞則有熊會使用。利用岩石縫隙或土斜坡洞穴的，有狐、獾、貉等。有些獾與狐也會自己挖掘洞穴。有時獾所挖的洞穴，隔年狐會來使用，狐挖的洞穴，隔年貉會來使用，動物都會反覆而有效利用這些洞穴。會利用大型洞穴的，則是蝙蝠。

發現洞穴時

　　首先，要測量入口的大小。從它的寬度、高度試著去想像是什麼動物在使用。但也可能是沒在使用的洞穴，所以可以把鼻子湊近洞口聞聞味道，如果是動物正在使用的洞穴，會有特殊的味道。調查就到此為止，千萬不可以將手伸進去，或用棒子去戳。這樣有可能驚嚇到動物，也可能發生危險。

地面的洞穴及樹上的小洞穴

　　有時候地上也會有一些土堆隆起，把這些土堆撥開，說不定是鼴鼠的穴。此外，應該是隨處都能發現小小的洞穴，那是昆蟲挖的洞呢？還是鳥挖的洞呢？可以想想看，挖掘洞穴的是哪一種動物哦。

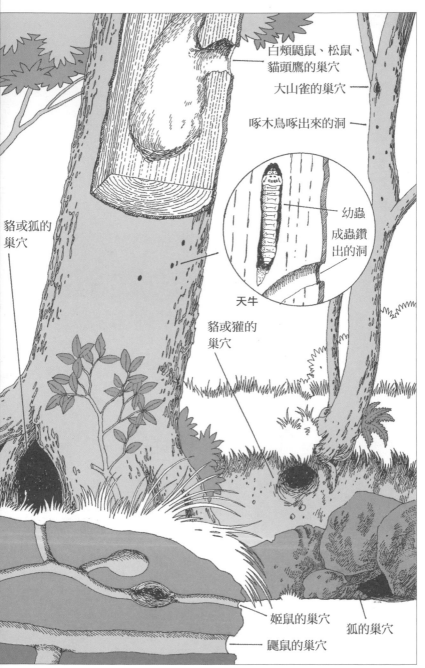

白頰鼯鼠、松鼠、
貓頭鷹的巢穴

大山雀的巢穴 ——

啄木鳥啄出來的洞 ——

幼蟲

成蟲鑽
出的洞

天牛

貉或狐的
巢穴

貉或獾的
巢穴

姬鼠的巢穴

狐的巢穴

鼯鼠的巢穴

225

日本哺乳類的分布地圖〔1〕

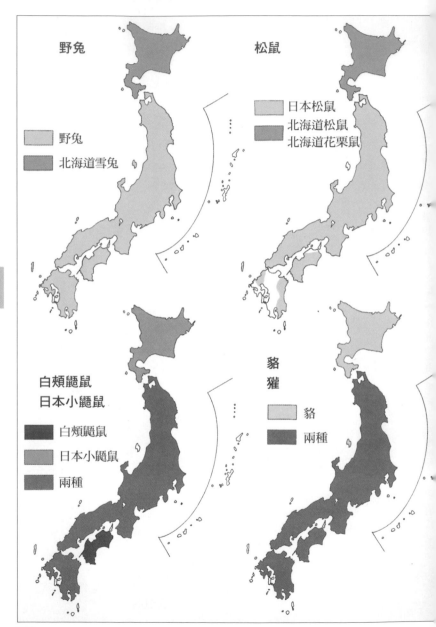

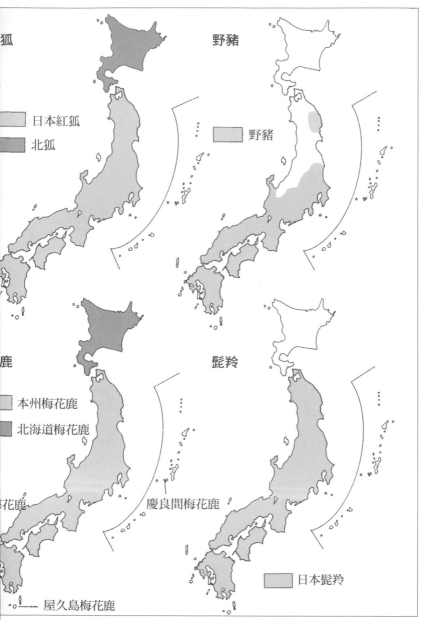

狐
日本紅狐
北狐

野豬
野豬

鹿
本州梅花鹿
北海道梅花鹿
慶良間梅花鹿
屋久島梅花鹿

髭羚
日本髭羚

日本哺乳類的分布地圖〔2〕

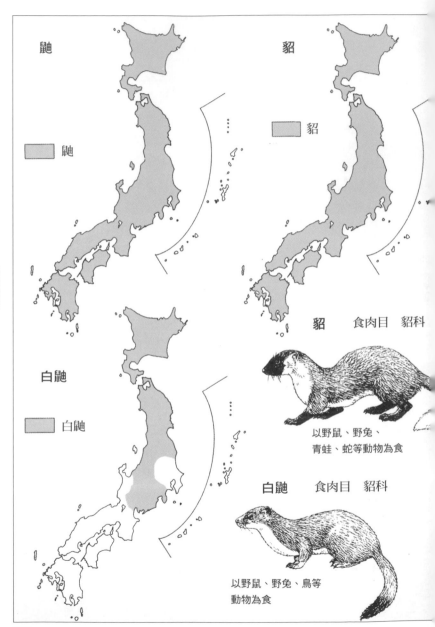

鼬

鼬

貂

貂

白鼬

白鼬

貂　食肉目　貂科

以野鼠、野兔、
青蛙、蛇等動物為食

白鼬　食肉目　貂科

以野鼠、野兔、鳥等
動物為食

猴子

日本獼猴

日本的野猿公園

九艘泊野猿公苑	青森縣下北郡脇野澤村
長瀞野猿公園	埼玉縣秩父郡長　町
高尾山猴子天堂	東京都八王子市高尾町
高宕山自然動物公園	千葉縣富津市天羽町
高宕山野猿公苑	千葉縣君津市植畑
天昭山野猿公園	神奈川縣足柄下郡湯河原町
猴子樂園	神奈川縣足柄下郡湯河原町
地獄谷野猿公苑	長野縣下高井郡山之內町
波勝崎自然公園	靜岡縣賀茂郡南伊豆町
大平山野猿公苑	愛知縣犬山栗栖
三河灣海上動物公園	愛知縣幡豆郡幡豆町
白山地雷谷自然動物園	石川縣石川郡吉野谷村市原57番地
野生猴園	福井縣大飯郡高浜町
醒井野猿公園	滋賀縣坂田郡米原町
比叡山	滋賀縣大津市浜大津1丁目2-18
岩田山自然動物園（嵐山野猿公苑）	京都府右京區中尾下町
箕面市營自然動物園	大阪府箕面市箕面道称瀧之下
友島自然公園	和歌山縣和歌山市加太町友島
淡路島猴子中心	兵庫縣洲本市
椿野猿公苑	和歌山縣西牟婁郡白浜町椿
船越山自然動物園	兵庫縣佐用郡南用町船越877
竹野猴賀島公園	兵庫縣城崎郡竹野町賀島3番地
勝山神庭瀧自然公園	岡山縣真庭郡勝山町
臥牛山自然動物園	岡山縣高梁市內山下
帝釋峽野猿公園	廣島縣比婆郡東城町
河內遊園地猿之國	廣島縣賀茂郡河內町
日本猴子中心宮島研究所	廣島縣佐伯郡宮島町
寒霞溪自然動物園	香川縣小豆郡內海町
銚子山野猿公園	香川縣小豆郡土庄町
國定公園滑園自然動物園	愛媛縣北宇和郡松野町
鹿島野猿公苑	愛媛縣南宇和郡西海町
高崎山自然動物園	大分縣大分市田之浦別院
幸島野猿公苑	宮崎縣串間市市木石波
都井岬野猿公苑	宮崎縣串間市都井岬
屋久島大哥谷	鹿兒島縣熊毛郡上屋久町
屋久島安房林道	鹿兒島縣熊毛郡上屋久町
屋久島尾之間	鹿兒島縣熊毛郡屋久町

229

日本哺乳類的分布地圖〔3〕

鼓起的肌肉　棕色

棕熊　　食肉目　熊科

以昆蟲、樹實、魚、
小動物等為食

黑熊
棕熊

黑熊　　食肉目　熊科

黑色

以昆蟲、
樹實等為食

能看見海豹、海狗、
北海獅的沿岸

海狗
食肉目　海獅科

環紋海豹
食肉目　海豹科

以魚、花枝、章魚、
貝類等為食

北海獅　　食肉目　海獅科

體長 約3m
非常大型

231

生物月曆

生 物 名 稱	1	2	3	4	5	6	7	8	9	10	11	12
日本小鼯鼠							生產的時期					
巢鼠												
日本松鼠												
花栗鼠		冬眠										
白頰鼯鼠												
普通長耳蝠		冬眠										
野兔												
貉												
獾												穴居
鼬												
狐												
鹿			鹿角脫落					鹿茸				
髭羚												
日本獼猴												
黑熊												穴居

去山上看動物

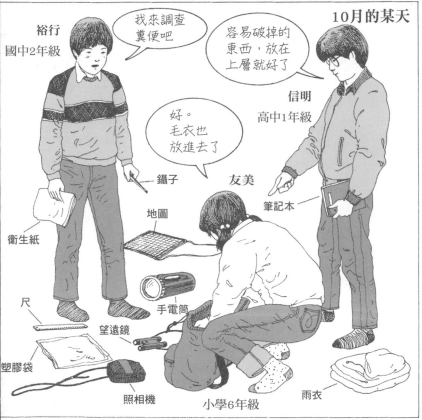

觀察時的用具與服裝（188頁）

觀察糞便吧（220頁

尋找自然界的洞穴（224頁）

那些猴子
在幹嘛？

他們在互相理毛。
看起來很舒服呢

喂！

不可以
大聲叫喊

有點晚了，
先回住的地方

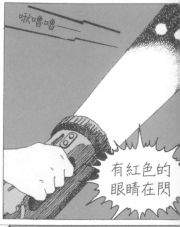

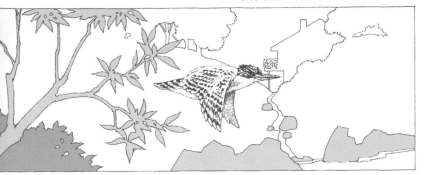

髭羚——挺拔的姿態（216頁）

吃完早餐再去一次吧

看得到髭羚嗎?

唔,髭羚已經跑掉,還要去嗎?

因為人類靠近牠受到驚嚇了吧

也有糞便呢

哦～牠剛剛在這裡啊

地面很潮溼啊

有腳印

潮溼柔軟的地面

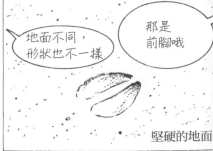

地面不同,形狀也不一樣

那是前腳哦

堅硬的地面

追蹤腳印進行推理吧（222頁

奔跑的時候

行走的時候

髭羚都
吃些什麼啊？

前腳
後腳

這是
吃過的痕跡呢

粗莖鱗毛蕨

華箬竹

日本花柏

日本鐵杉

這個地方樹皮剝落，
是磨角的痕跡

髭羚──挺拔的姿態（216頁）

牠在搖頭

當髭羚被追趕而感到害怕時，就會搖頭，而且還會突然開始吃葉子哦

頭低下去了！

太靠近野生動物很危險啦！

哈哈哈……小裕真是笨蛋

真幸運，看到髭羚了

哇啊，救命啊～

體形大卻溫馴的馬來貘

　　你有沒有在動物園見過貘這種動物呢。身體看起來很像大顆的蛋，腿很短，鼻子會伸縮和左右移動。雖然屬於奇蹄類的動物，但前腳有4個蹄，後腳才是3個蹄。貘主要住在中南美洲與東南亞。其中東南亞的貘，身體有分明的黑白兩色，模樣逗趣又可愛。為了看這種貘，我去了一趟馬來半島上的國家公園（Taman Negara）熱帶雨林保護區。叢林中有一間蓋在6公尺高處的隱蔽小屋。我待在被茂密森林所遮蔽的小屋裡，等待貘的出現。第一天晚上，貘只曇花一現，就消失不見了。可是第二天晚上，大概已經不在意我們的小小騷動了，傍晚之後竟然有一對公貘與母貘，相親相愛地一起出現了好幾次。似乎是在距離小屋20公尺遠的水源處喝水。就算我用手電筒照，牠們也不在意地相互嬉戲、喝水。而隨著黎明的到來，兩隻貘也消失在森林的深處了。

小屋

貘在吃水源處的土

耳朵尖端是白色的

白色

爬蟲類・兩棲類

爬蟲類、兩棲類的觀察

爬蟲類、兩棲類的特徵

　　爬蟲類指的是蜥蜴、草蜥、壁虎、蛇、烏龜等類的動物。爬這個字，意思就是趴在地上走。牠們擁有 ①體溫是被氣溫影響的變溫動物 ②以肺呼吸 ③皮膚上有鱗片 ④卵外有硬殼包覆等特徵。不過也有很多例外，與鳥類和哺乳類的共通點也不少，那是因為鳥類與哺乳類都是由爬蟲類演化而來，而這些爬蟲類，則是由兩棲類演化而來。兩棲類包含蠑螈、山椒魚、青蛙等。所謂兩棲，就是牠們同時在水裡及陸地上生活。其特徵有 ①都是變溫動物 ②雖然有肺，但用皮膚呼吸，有些也用鰓呼吸 ③沒有鱗片 ④卵上沒有殼，在水裡產卵等等。

觀察爬蟲類需注意的事項

　　所有的爬蟲類都是很安靜溫和的生物，但有時候會因為我們誤踩而驚嚇到牠們，此時會造成危險的就是毒蛇了。在日本的危險毒蛇，有赤煉蛇、日本蝮蛇、日本龜殼花等類。可能會有毒蛇出沒的地點，在天黑的時候就不要前往，白天也要穿長統雨靴去。萬一真的被咬傷時，要立刻前往醫院。現在醫院都有很好的血清可以注射，只要能儘早處理就不會死亡。而且千萬不可以慌張。

觀察兩棲類需注意的事項

　　在日本，並沒有因兩棲類的毒性而死亡的危險。但是蟾蜍、雨蛙、蠑螈等類的皮膚，有會分泌毒液的毒腺。因此，若碰了這些動物再用同一隻手揉眼睛的話，就會傷害眼睛。如果碰了以後又吃東西，則會噁心嘔吐。所以用手碰觸之後，一定要用肥皂清洗乾淨。如果是在野外，用清水洗淨也可以。

日本蝮蛇

斑紋清楚，身體粗短。
被咬後會紅腫且劇烈疼痛

日本龜殼花

黃褐色有黑色斑紋。
頭頸細小。棲息在沖繩
諸島及奄美諸島。被咬後會
紅腫且有劇烈疼痛。毒性強，
毒牙尖銳可貫穿長統雨靴

赤煉蛇

黑色的蛇。頸部的周圍是黃色。
被咬了之後過一會兒，身體就會喪
失凝血功能，舊傷口會開始出血、
排血尿、血便

蟾蜍

毒液侵入眼睛的話
會刺痛。用清水徹
底沖洗

赤腹蠑螈

腹部是紅色的。
毒液跑到眼睛會引
起劇烈疼痛。要用
清水徹底沖洗

蜥蜴與草蜥——相似的同類

記錄見到蜥蜴的日期

蜥蜴常見於庭院或石牆邊、樹林的草地上等地方。而幾乎有3公尺長的科莫多龍、美洲綠鬣蜥、傘蜥蜴、飛蜥蜴（很可惜這些在日本的自然界都看不到），都是蜥蜴的同類，這麼一想，就覺得觀察庭院裡奔跑的蜥蜴是很有趣的。牠們擁有從頭部直到身體的整條斑紋，身體看起來很平滑，但是碰觸之下就會發現有鱗片所以很堅硬。尾巴會呈鮮豔藍色的，是蜥蜴的小孩。成年後，尾巴的藍色會逐漸變成和身體一樣的褐色。吃蚯蚓、蜘蛛、昆蟲等。蜥蜴在一年中的什麼時候活動呢？請在月曆上記下看到牠的日期吧。

危險時會斷尾逃生

當蜥蜴受到蛇、鳥、人類等敵人襲擊抓住尾巴時，就會斷尾逃生。那是因為尾巴的關節容易受到驚嚇而脫落，斷裂的肌肉會立即收縮止血。而斷落的尾巴，還會暫時的跳動，以吸引敵人的注意力，因此蜥蜴就可以安全地逃脫了。至於尾巴，還會再度從被切斷的地方長出來。

分辨蜥蜴與草蜥

草蜥與成年蜥蜴非常相像，但尾巴非常長。而且與蜥蜴有光澤的身體相比，鱗片的感覺就比較粗糙。棲息的場所與主要食物都與蜥蜴一樣，就連尾巴斷了會再長回來這點也一樣。庭院或是住家附近，無論是蜥蜴或是草蜥都很常見，所以去調查看看吧。以住家的附近來說，據說東日本是草蜥，而西日本是以蜥蜴居多，但實際上又是如何呢？試著自己做一份記錄吧。

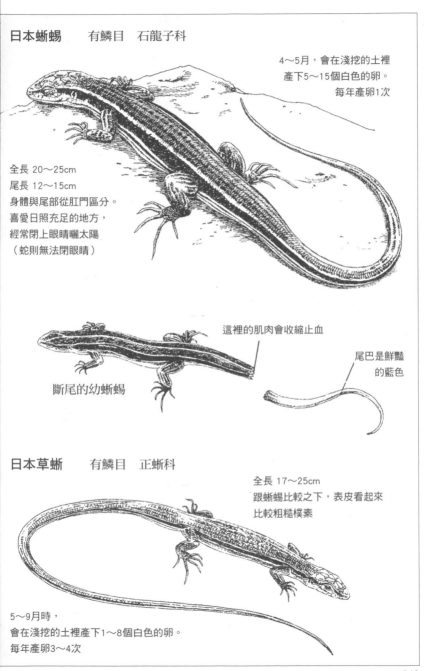

日本蜥蜴　　有鱗目　石龍子科

4～5月，會在淺挖的土裡
產下5～15個白色的卵。
每年產卵1次

全長 20～25cm
尾長 12～15cm
身體與尾部從肛門區分。
喜愛日照充足的地方，
經常閉上眼睛曬太陽
（蛇則無法閉眼睛）

斷尾的幼蜥蜴

這裡的肌肉會收縮止血

尾巴是鮮豔
的藍色

日本草蜥　　有鱗目　正蜥科

全長 17～25cm
跟蜥蜴比較之下，表皮看起來
比較粗糙樸素

5～9月時，
會在淺挖的土裡產下1～8個白色的卵。
每年產卵3～4次

壁虎——悄悄靠近燈光的忍者

壁虎捕食的方法

要找壁虎的話，可以晚上在住家的窗外或街燈附近找找看。牠們應該會出來捕捉趨光的昆蟲。牠們的身影與動作，彷彿忍者一般，緊緊貼合著牆壁，一動也不動。身體的顏色和牆壁很相近。如果有蛾停在附近，牠就會輕手輕腳地靠近，然後迅速地把蛾吃掉。觀察壁虎的一項重點，就是捕食的方法。在夜晚的燈光附近，好好觀察牠們到底如何捕捉獵物吧。壁虎身體的顏色，會隨著周圍環境而改變。所以也要比較牠身體的顏色與周遭的顏色。

頭下腳上走也不會掉下來

壁虎能自由地行走在牆壁或天花板上。這個祕密就在於牠的腳趾。如果看到靜靜停在玻璃窗上的壁虎，記得到另一面去觀察看看。在趾尖既寬又平的足墊上，有橫向的肌肉，稱為皮瓣，裡面長滿了細細的剛毛。每一根剛毛的前端分成無數個吸盤狀的匙突，因此不管在什麼地方都能夠貼住爬行。

追蹤壁虎的行動

壁虎的尾巴也像蜥蜴或草蜥一樣，斷掉後會再生。仔細觀察就會發現，長新尾巴的壁虎，在原先斷掉的地方有殘留的肌肉。壁虎即使只受到輕微的驚嚇，也會輕易斷尾，所以我們看見的壁虎，幾乎都是長新尾巴的壁虎。仔細注意牠的尾巴的部分。壁虎每晚都會在同一個地方捕食嗎？捉一隻壁虎，用簽字筆在牠身上做個記號後放走。持續在每天日落後的2～3小時裡，到燈光下去觀察吧。

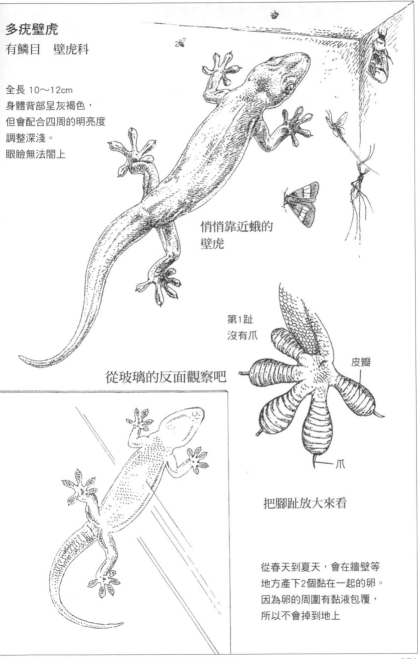

多疣壁虎

有鱗目　壁虎科

全長 10～12cm
身體背部呈灰褐色，
但會配合四周的明亮度
調整深淺。
眼瞼無法閤上

悄悄靠近蛾的
壁虎

從玻璃的反面觀察吧

第1趾
沒有爪

皮瓣

爪

把腳趾放大來看

從春天到夏天，會在牆壁等
地方產下2個黏在一起的卵。
因為卵的周圍有黏液包覆，
所以不會掉到地上

251

蛇──低調生活還是遭人嫌棄

蛇的種類的辨別重點

要追蹤蛇的行動並進行觀察，是很不容易的事。要遇到蛇，只能靠偶然的機會。如果看見蛇的時候，就要從牠的長度、特徵、所在地點等來判斷那是什麼蛇，以下是判斷的標準。

長1公尺以上的蛇

①**日本錦蛇**　帶點泛青的橄欖色，也混雜著褐色。有些會住在民宅或置物場。棲息地從平地到低海拔山區，常爬在樹上。主要吃老鼠、鳥和鳥蛋、青蛙等。

②**赤煉蛇**　橄欖色、褐色、灰色等因棲息地區不同而有些許差異，但特徵是有橫紋。以青蛙、蜥蜴等為食，所以多見於有許多青蛙的河川、水田等臨水區。要注意上頜後方的牙齒有毒性。（247頁）

③**日本四線錦蛇**　褐色，身上的紋路很容易引起注目。旱田、草原、樹林、河川等到處都有。吃青蛙、蜥蜴、老鼠等。

④**日本龜殼花**　黃褐色的身體上有黑色斑紋，頸細小。只棲息在沖繩諸島及奄美諸島。毒性很強，是最危險的蛇。

長1公尺以下的蛇

⑤**東亞腹鏈蛇**　全長約50公分。褐色，看起來是很安靜的蛇種。多於水田、溪流等水邊出沒。吃魚、青蛙等。

⑥**日本土錦蛇**　約80～90公分。褐色身體上有黑色小斑點。幼蛇時期身體呈褐色，有黃色的邊緣及黑色斑點。會出現在旱田及樹林等老鼠多的地方，幾乎只吃野鼠。

⑦**日本蝮蛇**　約50～70公分。三角形的頭，身體粗短，因此尾端給人突然變很細的印象。褐色有大斑紋。多出現在竹林茂盛處、河川或旱田附近的草叢，以青蛙、蜥蜴、老鼠等為食。雖然擁有毒牙，但只要不去碰觸或誤踩到，牠就不會隨便咬人。（247頁）

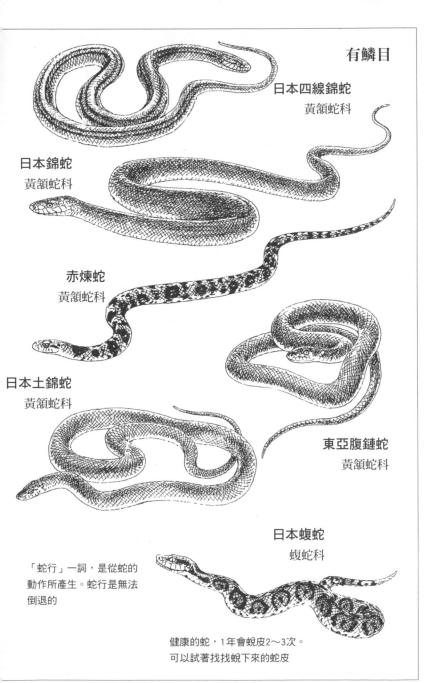

有鱗目

日本四線錦蛇
黃頷蛇科

日本錦蛇
黃頷蛇科

赤煉蛇
黃頷蛇科

日本土錦蛇
黃頷蛇科

東亞腹鏈蛇
黃頷蛇科

日本蝮蛇
蝮蛇科

「蛇行」一詞，是從蛇的
動作所產生。蛇行是無法
倒退的

健康的蛇，1年會蛻皮2～3次。
可以試著找找蛻下來的蛇皮

烏龜——最愛曬太陽

與烏龜相遇

烏龜最喜愛曬太陽。經常會爬到河邊或石頭上，安靜舒服地曬著太陽。對自然觀察者來說，這真是個值得感謝的好習慣。公園、池塘或沼澤等在我們住家附近的地方都有，所以天氣好的時候，就出門去看看烏龜，順便曬曬太陽吧。石龜、草龜是很常見的龜。雖然烏龜看起來很悠閒，令人意外的是牠們非常敏感，只要一聽見聲音或看到人影，就會快速地潛入水裡。所以帶著望遠鏡去觀察會比較好。

石龜與草龜

石龜與草龜都是雜食性，食物包括魚、蝌蚪、螯蝦、水生昆蟲、水草等。石龜是樸素的茶褐色，龜甲正中央高高隆起時，可看到1條明顯的脊稜。草龜是褐色的龜甲，邊緣呈黃綠色。雖然多數的龜甲有隆起且有3條明顯的線，但也有些並不明顯。寵物店所販賣的錢龜，其實是石龜的小孩。有時連草龜的小孩也會混在裡面。但小石龜的尾巴長多了。

數量增加中的紅耳龜

寵物店裡販賣的巴西烏龜，其實就是紅耳龜的幼龜。當初是從美國進口的寵物龜，但現在已經有許多被遺棄到野外並野生化了。你可以試著調查一下附近的池塘或河川有沒有這種紅耳龜。特徵是眼睛後方耳朵附近有紅色斑紋，紅耳龜正是因此而得名。

龜鱉目

草龜
地龜科

甲長 10～25cm
烏龜可以眨眼睛

石龜
地龜科

甲長 13～18cm
獵食的時候，會蟄伏
等待，然後一口氣襲
擊獵物。動作非常地
快速

6～7月的時候，會在溼地
上挖土產卵。產下4～6個
白色圓形的卵。孵化後的
幼龜龜甲長 約3cm

錢龜
（石龜的幼龜）

紅耳龜
地龜科

抓烏龜的時候，雙手要放在烏龜的兩邊，不要讓牠
掉到地上了。因為就算龜甲很堅固，內臟也會受傷

去聽聽蛙鳴聲

外出進行夜間觀察

從春天到夏天，在水田或池塘等水邊，總是能聽見青蛙熱鬧的叫聲。穿上不怕髒的長褲，以及不怕蚊子咬的長袖上衣，帶著你的手電筒出門去進行夜間觀察吧。穿上在泥濘中也不難行走的長統雨靴比較好。就算是夏天，穿涼鞋去還是很危險的，盡量別穿。進行夜間觀察，最重要的就是白天要先勘查。如果把周圍環境先記在腦海裡，行動起來就方便多了。

到底是哪裡鼓起而鳴叫的呢？

如果聽見青蛙的叫聲，就不要發出聲音悄悄地靠近吧。手電筒先照一下四周，再逐漸把光線放在青蛙上。因為如果突然間變亮，青蛙會停止鳴叫。牠們的叫聲，聽起來像什麼呢？如果是合奏的話，去確認看看究竟有幾隻在叫，位置又在哪裡呢？不同種類的青蛙，鳴叫聲也會不一樣。你進行觀察的地方，總共有幾種青蛙呢？青蛙（只有雄蛙）的鳴叫，應該是為了吸引雌蛙及宣示地盤。也同時觀察牠們鼓起聲囊的方式吧。

捉隻青蛙來看

就算從遠處看，也能依顏色及大致的特徵來分辨。利用望遠鏡，則會更清楚。不過如果青蛙就近在眼前，不妨試著用塑膠袋把牠蓋住捉起來。雖然對青蛙有點不好意思，不過就請牠暫時忍耐一下吧。先放進塑膠袋之後再放到手上，仔細查看牠的背部花紋，以及前腳、後腳的樣子，牠的後腳有蹼這點你應該知道吧。測量體長（從頭部到尾部，不算腳）後，就放牠走。如果用手直接去摸，會因為蛙體黏滑而容易被牠逃跑，而且也可能會有危險。（247頁）

無尾目

日本雨蛙
雨蛙科

體長 3～4cm

給嗞給嗞給嗞給嗞

施氏樹蛙
樹蛙科

體長 3～4cm

叩嘍叩嘍 庫庫庫庫

日本金線蛙
赤蛙科

體長 6～8cm

咕喂～咕喂～庫嗞庫嗞

東京達摩蛙
赤蛙科

體長 5～7cm

咯咯咯咯咯咯

日本東部大蟾蜍
蟾蜍科

體長 7～15cm

給嗞叩嗞叩嗞

美國牛蛙
赤蛙科

體長 10～20cm

嗚哦～嗚哦～

寫下自己耳朵所聽見
的聲音

257

青蛙——牠們的生態

蟾蜍與雨蛙

平時在民宅附近最常見到的，就是蟾蜍與雨蛙了。蟾蜍白天會躲在庭院的石頭下或草叢裡，到了傍晚才出現，並捕捉昆蟲或蚯蚓為食。雨蛙白天也會躲在樹籬笆或草堆裡，到了晚上就捕捉小昆蟲為食。快下雨的時候，雨蛙就會大聲地鳴叫，是大家所熟知會天氣預報的青蛙，而且準確度很高，尤其5月時更有高達90％的命中率。就算不在水邊也能生活的蟾蜍與雨蛙，到了產卵時期，就會往水窪、池塘、水田旁移動。

各種型態的卵

蟾蜍在2～4月左右產卵，而雨蛙或日本金線蛙則在5～7月左右。在這一段期間外出進行夜間觀察，說不定就能看見青蛙產卵的情形。雄蛙會跨騎在雌蛙身上抱住雌蛙的側腹，並在雌蛙產下的卵上灑下精子。卵的種類會依不同青蛙而有各式各樣的外觀。蟾蜍的卵是線狀，而雨蛙是20～30個卵被一層薄膜所包覆，形成一小坨的樣子。日本金線蛙因為有2000～3000個卵集在一起，而形成一大塊。至於森樹蛙的產卵方式比較特別，牠會在伸向水邊的樹枝上先做一個大型泡泡，然後才在裡面產卵。

有許多天敵的青蛙

產下的卵中，能夠孵出蝌蚪，甚至長成青蛙的不到百分之一。卵或蝌蚪經常會被魚、美國螯蝦、鳥等生物吃掉。就算長成青蛙了，仍會被蛇類或鳥類襲擊。而被農藥毒死的青蛙也不計其數。

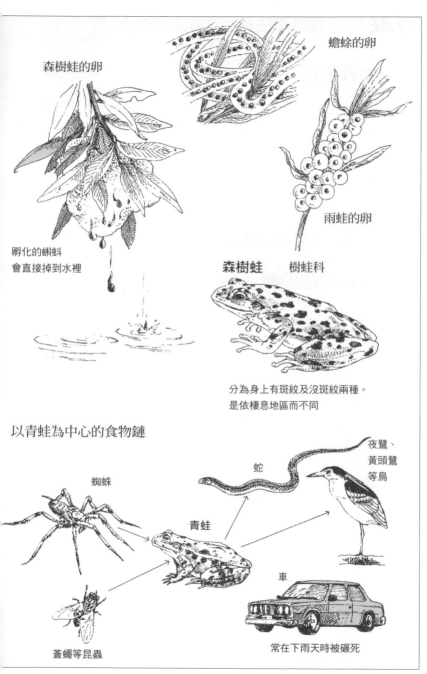

森樹蛙的卵

蟾蜍的卵

雨蛙的卵

孵化的蝌蚪
會直接掉到水裡

森樹蛙 樹蛙科

分為身上有斑紋及沒斑紋兩種。
是依棲息地區而不同

以青蛙為中心的食物鏈

蜘蛛

青蛙

蛇

夜鷺、
黃頭鷺
等鳥

蒼蠅等昆蟲

車

常在下雨天時被碾死

蠑螈與山椒魚——不為人知的生活

尋找蠑螈

蠑螈居住在河川、池塘、水田等水質清澈的地方。大小約10公分左右，背部呈黑色。因為腹部是紅色的，所以有些地方也稱牠為「紅腹」。4～7月前後，雄蠑螈的尾巴會出現美麗的青紫色，雄蠑螈出現在雌蠑螈面前，捲曲尾巴展現求偶行動後，就會排出精子塊。接著雌蠑螈會將身體伏在精子塊上，把精子由身體的排出孔收進體內，然後在雌蠑螈的身體內完成受精的動作。之後雌蠑螈會在水草上一個一個的產卵。卵有黏著性，所以很快就會附著在水草上。雖然進行產卵的觀察有些困難，但你可以在水質清澈的地方，找找看有沒有蠑螈。

尋找山椒魚

山椒魚感覺上好像非常稀有，但一般水田、河川邊等潮溼的地方，其實還是有的。可是牠們白天都會躲起來，一到晚上才活動，因此很難見得到。要看山椒魚，最好在5～8月間。這是產卵的時期，山椒魚會集中到水邊，只要你耐著性子，遇上的可能性就很高。不同的地方，山椒魚的種類也會不一樣。

世界最大的兩棲類，日本大山椒魚

日本山椒魚的頭很大，外表看起來無精打采的，最大的體長可達120～130公分，眼睛非常小。居住在本州岐阜縣以西的地區，以及九州的大分縣山區。一副像是溪流主人的模樣，長著很有威嚴的外表。白天會躲在河岸邊的洞穴裡，到了晚上就出來捕食魚或螯蝦。8～9月，雌魚在河岸的洞穴中產卵之後，雄魚再排放精子，接著會把雌魚趕走，自己用身體守護直到卵孵化為止。

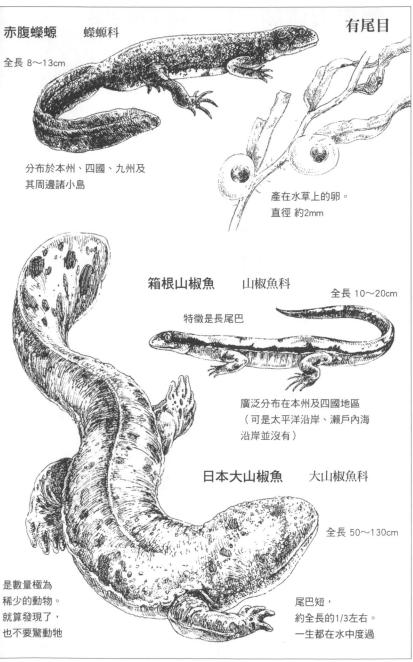

赤腹蠑螈　　蠑螈科

全長 8～13cm

有尾目

分布於本州、四國、九州及
其周邊諸小島

產在水草上的卵。
直徑 約2mm

箱根山椒魚　　山椒魚科

特徵是長尾巴

全長 10～20cm

廣泛分布在本州及四國地區
（可是太平洋沿岸、瀨戶內海
沿岸並沒有）

日本大山椒魚　　大山椒魚科

全長 50～130cm

是數量極為
稀少的動物。
就算發現了，
也不要驚動牠

尾巴短，
約全長的1/3左右。
一生都在水中度過

生物月曆

生　物　名　稱	1	2	3	4	5	6	7	8	9	10	11	12
蜥蜴		冬眠										
壁虎												
日本四線錦蛇												
日本錦蛇												
日本蝮蛇												
石龜												
草龜												
蟾蜍												
雨蛙												
蠑螈												
日本大山椒魚	並不是冬眠，只是躲起來											

262

魚類、貝類

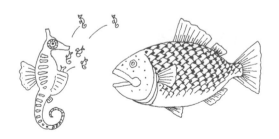

觀察時的用具與服裝

能盡情活動的必需品

　　要去水邊的服裝，最重要的就是鞋子了。夏天如果打赤腳，腳底板會很燙，而且還有可能被貝類或玻璃碎片割傷。為了不用擔心腳底而能自在地活動，首先要選擇一雙即使在溼滑的岩石區也不會滑倒的鞋子。穿上弄溼也不會心疼的運動鞋吧，或是長統雨靴也可以。然後為了避免受傷，要戴上工作手套。防滑的鞋子與工作手套，這兩樣東西是在水邊盡情活動與安心觀察的必備品。

防曬也很重要

　　在岸濱進行觀察，就得好幾個小時曝曬在烈日之下。所以記得戴上有帽緣的帽子。海邊的風很強，帽子上有綁帶的會比較好。當身體曬到太陽，會感到非常疲勞，所以不要因為怕熱而穿無袖背心，最好穿有袖子的T恤比較不易疲勞，到了晚上也不會因為曬傷而受皮肉之苦了。進行岸濱觀察時，無論多麼小心都有可能因意外而受傷，所以別忘了攜帶裡面放了消毒藥水、傷藥、OK繃、紗布、繃帶等的急救箱。

要注意天氣預報

　　下雨天或刮大風的日子裡，河川與海邊顯得格外荒涼，不只去了很難看到生物，而且還非常危險，所以盡量不要去。出發前，一定要留意報紙或新聞的天氣預報。此外，在大雨或颱風過後，即使天氣放晴了，河川或海邊的狀況都還不穩定，因此就算行程已經預定，還是要拿出勇氣打消原訂的計畫。例如可將計畫題目改成「暴風雨過後的昆蟲與鳥」，並在附近地區走一走進行觀察。

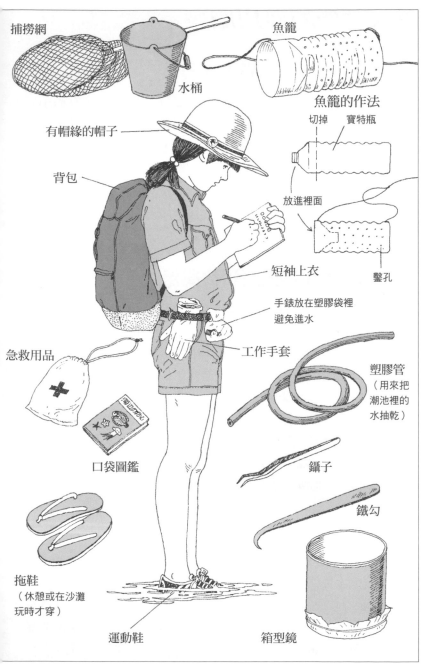

捕撈網

水桶

魚籠

魚籠的作法

切掉　寶特瓶

放進裡面

鑿孔

有帽緣的帽子

背包

短袖上衣

手錶放在塑膠袋裡
避免進水

急救用品

工作手套

塑膠管
（用來把
潮池裡的
水抽乾）

口袋圖鑑

鑷子

鐵勾

拖鞋
（休憩或在沙灘
玩時才穿）

運動鞋

箱型鏡

265

思索我們的河川吧

河川的水是從哪裡來的？

溯溪而上，應該找得到答案吧。那裡的地表上有小小的泉水，或是從斜坡面涓滴流下的小水流，河川的源頭，就是如此湧出的水。滲入土裡的雨水，在土地中被過濾，變成乾淨的水後流出。用手掬起來喝，應該會驚訝地發現，這種水既冰涼又甘甜，與自來水的味道不同。從湧泉流出的水，和許多其他湧出的水，匯流在一起，逐漸變成一條大的河流，流經山區到平地，然後注入海裡。

我們的生活與河川的關係

水對所有的生物而言都是不可或缺的。有許多的生物都是緊鄰著河川或池塘生活。然而我們平常使用的水，到底是從哪裡來的呢？一般大部分都是取自附近的大型河川，還有些地方是從湖水或井水引來。過去的時代都是直接飲用引來的水，現在的水大多是受到汙染的水，一定需要經過淨化才能飲用。自來水的味道與泳池的水很像，那是因為加了可以殺菌的氯氣。至於為什麼河川會被汙染，雖然說起來令人難受，但原因還是在我們身上。家庭使用過的汙水直接排放到河川，或是工廠廢水的排放，都會造成河川汙染。

調查自己家的水

打電話詢問自己居住地區的自來水廠，就會得知我們家裡的自來水是從哪裡來的。接著再打電話給各縣市所屬的下水道課，詢問我們使用的水經過了哪些處裡的程序，有時對方也會讓我們去汙水處理廠參觀見習。有關我們的生活與水的關係，請調查一番吧。

上游

農田

深潭

淺灘

中游

引水道

水壩

發電廠

池塘

魚道

工廠

淨水廠

下游

泥灘地

海

267

調查河川汙染吧

對水質變化很敏感的河川生物

　　我們的飲用水是從河川或貯水場引來，用完後再經由下水道排放到河川裡。儘管這些河水已使用藥品處理過，但是否乾淨呢？真的可以飲用嗎？要判斷水是否乾淨的方法之一，就是調查在水裡生活的生物種類。因為住在水裡的生物，對於環境的變化很敏感。水溫是冷是熱、水流是急是緩、汙染嚴重還是不嚴重，依這些情況的不同，裡面所住的生物也會不一樣。

調查河川的情況

　　要準備的東西有篩子（網目比2公釐還小）、可以撈到底部的網子，以及移放生物以利觀察的容器（便於攜帶的塑膠容器，比如裝草莓的塑膠盒等）。如果連鑷子及放大鏡都有的話會更方便。開始觀察之前，先在河岸邊走一走吧，調查看看河川的寬度、深度、水流、顏色、味道、有沒有排放的下水道等。因為要下到水裡，所以水位深不深、水流快不快、有沒有危險區域等都要仔細確認過。要避開下過雨後的那幾天，因為水量增加會使得河水變湍急。

調查的方法

　　河底有沙子和汙泥時，用篩子去撈，然後把篩子底部緊靠在水裡搖晃，濾掉沙子和汙泥。如果底部是石頭的話，就把篩子擋在石頭的水流後面，然後掀起石頭。如果有附著在石頭上的生物，就用手小心地移到篩子裡。最後把集合在那裡的生物，挪往裝了水的容器裡，查查看其中的種類與數量。這項調查一整年都能進行，尤其在春天到夏天來做會比較容易。

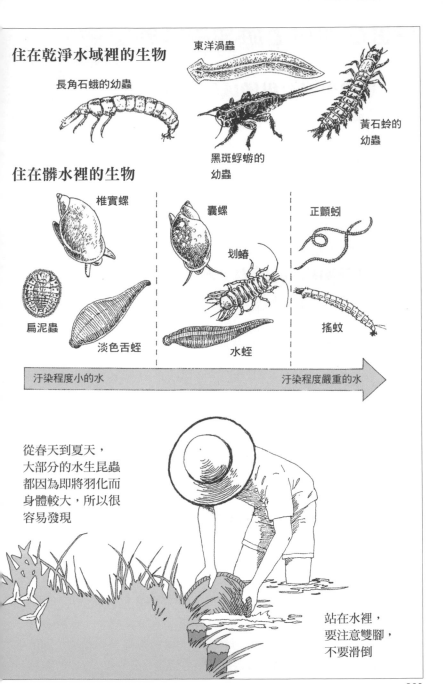

住在乾淨水域裡的生物

東洋渦蟲

長角石蛾的幼蟲

黃石蛉的幼蟲

黑斑蜉蝣的幼蟲

住在髒水裡的生物

椎實螺

囊螺

正顫蚓

划蝽

扁泥蟲

淡色舌蛭

水蛭

搖蚊

汙染程度小的水　　　　　　　　　　　汙染程度嚴重的水

從春天到夏天，大部分的水生昆蟲都因為即將羽化而身體較大，所以很容易發現

站在水裡，要注意雙腳，不要滑倒

269

棲息在河川上游與中游的生物

河川中的生活

　　與陸地生物的生活相比，有哪裡不同呢？以陸上來說，生物可以用走的或跑的到自己喜愛的地方。可是河川裡有水流。生物順著水流當然可以輕易移動，但是如果想要固定待在一個地方，就必須找個方法不被水流影響才行。看是要用水草纏住身體，還是用吸盤吸住石頭，固定身體的方法真是五花八門。查看生物利用什麼方法固定身體以免被水流影響，也是觀察水中生物的重點之一。要逆著水流游泳是一件多麼不容易的事，曾在河裡游過泳的人都一定知道吧。而魚兒為了減少水的阻力，因此身體都是呈流線型的。

棲息在河川上游的生物

　　河川上游的特徵，就是水流湍急且水溫冰冷、岩石粗糙且有稜有角。因為在山谷之間，就算是夏天，也到處都有遮蔭的地方，因此冬夏的水溫變化很小。棲息在這種環境下的生物，有黃石蛉的幼蟲水蜈蚣、漢氏澤蟹，以及魚類中的紅點鮭、櫻鱒等等。澤蟹白天大多靜靜待在石頭底下，所以可以小心翻開河床邊的石頭看看。

棲息在河川中游的生物

　　河川到了中游以後，河道變得蜿蜒，石頭也會因撞擊破碎，大多變得和小石頭一般大小了。仔細看看流水，就會發現會反覆出現水流較急的淺灘及水流較緩的深潭。到了中游，水生昆蟲的種類增加了，魚類也多了箱根三齒雅羅魚、平頜鱲、談氏縱紋鱲、暗色沙塘鱧、吻鰕虎魚、琵琶湖鰍等，雖然不同的地域有些差異，但比起上游種類多了許多。

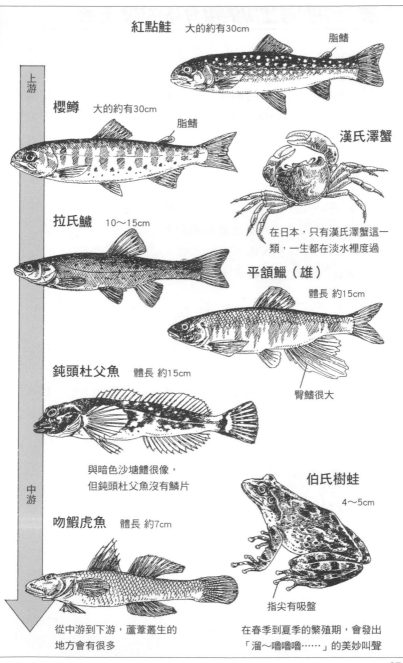

上游

紅點鮭　大的約有30cm

脂鰭

櫻鱒　大的約有30cm

脂鰭

漢氏澤蟹

在日本，只有漢氏澤蟹這一類，一生都在淡水裡度過

拉氏鱥　10～15cm

平頷鱲（雄）

體長 約15cm

臀鰭很大

鈍頭杜父魚　體長 約15cm

與暗色沙塘鱧很像，
但鈍頭杜父魚沒有鱗片

伯氏樹蛙

4～5cm

吻鰕虎魚　體長 約7cm

中游

指尖有吸盤

從中游到下游，蘆葦叢生的
地方會有很多

在春季到夏季的繁殖期，會發出
「溜～嚕嚕嚕……」的美妙叫聲

271

香魚──在河裡與海中度過1年的壽命

在河川中游產卵的香魚

住在河川上游、中游的魚類，在前頁已經介紹過了，那些是一生都住在河川裡的魚。然而，有些魚的一生卻來回在河川與海洋之間度過，香魚就是其中之一。香魚會在河川中游產卵，到了秋天，這些被產在淺灘的卵，差不多20天就會孵化了。孵化出來的香魚會立刻乘著水流，以動物性浮游生物為食，游向大海。到了海中，還是靠吃動物性浮游生物來越冬，等到春天水溫上升之後，就會游回河川。

吃附著在石頭上的藻類成長

開始游回河川的香魚，體長約3～4公分，還很小。這時候小香魚的嘴巴裡，有100根以上的小圓錐狀牙齒，能濾過水後吃掉動物性浮游生物。可是等牠們長到5公分以上的時候，這些牙齒就會脫落，另外長出板狀的牙齒。如此一來，牠們的食物也改為附著在石頭上的藻類。可以吃藻類的香魚慢慢長大，6月左右就會長成20公分的年輕香魚。到了秋天，牠們就會在河川的中游產卵，而產完卵的香魚就會死亡。

迴游的魚

魚在尋找食物豐富的地方與產卵的地方之間移動，稱為迴游。鰹魚、鮪魚、鰤魚、鮭魚等，都會為了尋找食物而在廣闊的大海迴游。而會在河川與海洋之間迴游的，是鮭魚或鱒魚類、鰻魚類、香魚、彼氏冰鰕虎魚、銀魚等。其中鰻魚會在海裡產卵，而其他則全部都回到河裡產卵。

香魚

香魚的嘴巴

上顎與下顎都有約300根板狀
牙齒，密密麻麻地排列著

背部是橄欖色

有脂鰭

腹部是銀白色

大的約有30cm

彼氏冰鰕虎魚（鰕虎魚類）

大的約有5cm。
身體呈半透明。在河流下游產卵，
小魚會在河口附近的海域成長，
1年後的春天，就會為了產卵回到河裡

銀魚（鮭魚的同類）

大的約有10cm。
身體呈半透明。生態
與彼氏冰鰕虎魚一樣

有脂鰭

雄魚的臀鰭根部
有一排鱗片

日本絨螯蟹

殼的寬度 約6cm

在海裡產卵，海蟹幼蟲在海
裡成長、變態，等成為小螃
蟹後，到了夏初就游回河裡

鰻魚

大的約有40～100cm。
據說在沖繩諸島的南邊產卵。然後稱為
日本鰻鱺的稚魚在春天會游回河川

5～8年後，會開始往海裡游

鮭魚──迴游之後，回到出生的河川

鮭魚的一生

　　鮭魚在河裡出生，約4年的時間在北太平洋迴游，然後再度回到出生的河川。在迴游魚類之中，算是行動範圍最廣、迴游期間最長的魚。在秋天產下的鮭魚卵，約經過2個月會孵化，等再過幾個月後開始朝河口游去。長到10公分大的鮭魚，就會出海。結束迴游歸來的鮭魚，不再進食，牠們回到河川拼命逆流而上的光景實在令人感動。現今在日本，會在沿岸用魚網捕捉大部分回來的鮭魚，而在鮭魚返回路徑上的人工孵化場，還會捕捉其餘的鮭魚採卵。等稚魚長到一定程度的大小，就會以人工方式放流。放流的鮭魚回歸率是1～2個百分比。

"Come Back, Salmon!" 運動

　　恢復能讓鮭魚回來的乾淨河川的運動，現在正非常熱烈地進行中。鮭魚能夠回來的河川，同時也是稚魚能啟程旅遊的河川，是沒有洗劑或工廠廢水等汙染的河川，也是有豐富的浮游生物與水生昆蟲可以當食物的河川。過去在北海道秋天時期，成群結隊游回河川的鮭魚，對於人類、棕熊，以及毛腿魚鴞而言，都是重要的食物。不會過度捕捉，而保持著自然的平衡。那是距今約60年前，不算太久遠的過去。

以鮭魚為例重新審視河川

　　"Come Back, Salmon!" 運動的目的，並不只是想幫助鮭魚回來而已。重新審視河川，也是這活動的重要目標。鮭魚會讓我們知道河川既乾淨又豐富。因此在某些因為蓋了水壩而無法游回的地方，也開始用心蓋起魚道了。請調查自家附近河裡的魚，是否擁有同樣的問題。

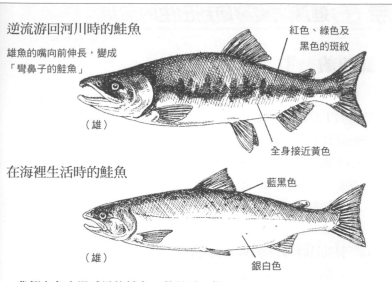

逆流游回河川時的鮭魚

雄魚的嘴向前伸長,變成
「彎鼻子的鮭魚」

紅色、綠色及
黑色的斑紋

(雄)

全身接近黃色

在海裡生活時的鮭魚

藍黑色

(雄)

銀白色

我們在魚市場看見的鮭魚,就是這一隻

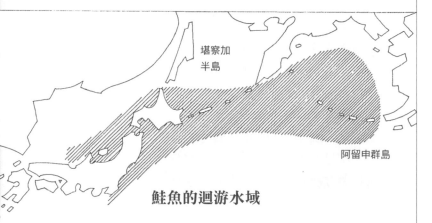

堪察加
半島

阿留申群島

鮭魚的迴游水域

在日本河川裡出生的鮭魚稚魚出海後,約在半年
至1年後會到達阿留申群島,在阿拉斯加海域度過
幾年之後,就會回到日本牠們出生的河川。鮭魚
最南邊是到利根川,不過現在也嘗試在更南邊的
荒川、多摩川等地放流稚魚。

棲息在河川下游的生物

下游的特徵

河川從山區進入平地之後，水流會變得穩定且平緩。靠近岸邊的河底，有小石頭與泥沙，生長了許多水生植物。水溫比上游高，植物浮游生物、動物浮游生物含量也很豐富。因為直接受到太陽光的照射，所以夏季與冬季的水溫差異很大。這種地方有鯰魚、凝鯉、草魚、鰷魚、黃鰭刺鰕虎魚、鯉魚、鯽魚、長臂蝦等許多種類的生物棲住。

使用浮游生物網來調查

水中的生物，依生活型態可分為：隨著水流漂浮生存的生物（浮游生物）、能夠游動的生物（游泳生物），以及住在水底的生物（底棲生物）。浮游生物除了水母之外，幾乎都是肉眼看不見的大小。雖然各自有不一樣的名稱，但平常就統稱牠們為浮游生物。浮游生物在淡水與海水裡都有。製作如右頁的浮游生物網來取水吧。把流進網子底部瓶子裡的水，移到培養皿之類的容器中，用放大鏡觀看。如果用顯微鏡來看的話，連浮游生物的外觀、動作都能看得很清楚。

在下游尋找鰕虎魚

鰕虎魚在河川的所有流域都能看到。因為牠們是很能適應水溫及水質變化的魚類，所以在下游、甚至混著海水的河口都有。除了黃鰭刺鰕虎、極樂吻鰕虎、裸頸斑點鰕虎等之外，暗色沙塘鱧、尖頭塘鱧、吻鰕虎魚也都是鰕虎魚的同類。牠們大部分都會待在河底，用小網子撈起來調查看看有幾個種類吧。

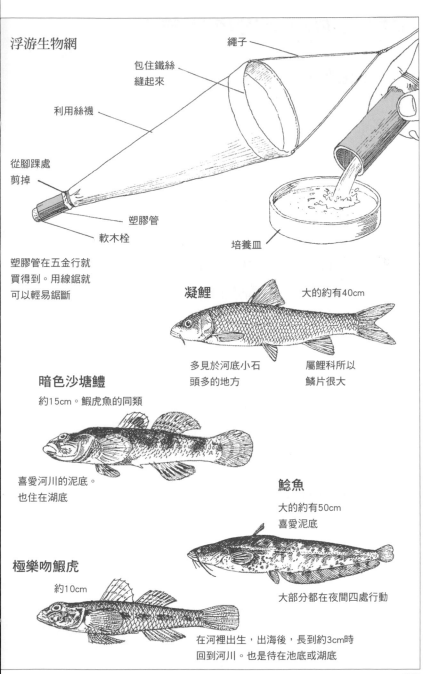

浮游生物網

繩子

包住鐵絲
縫起來

利用絲襪

從腳踝處
剪掉

塑膠管

軟木栓

培養皿

塑膠管在五金行就
買得到。用線鋸就
可以輕易鋸斷

凝鯉

大的約有40cm

多見於河底小石
頭多的地方

屬鯉科所以
鱗片很大

暗色沙塘鱧

約15cm。鰕虎魚的同類

喜愛河川的泥底。
也住在湖底

鯰魚

大的約有50cm
喜愛泥底

極樂吻鰕虎

約10cm

大部分都在夜間四處行動

在河裡出生，出海後，長到約3cm時
回到河川。也是待在池底或湖底

棲息在池底或湖底的生物

不流動的水域是生物的寶庫

池塘、沼澤或湖底，並不像河川一樣流動。水量幾乎是固定的，且伴隨著氣溫升高，水溫的上升也快。這種環境就是生物的寶庫。進行光合作用維生的綠藻、夕藻等植物性浮游生物，以及吃這些植物性浮游生物的水蚤等動物性浮游生物、吃動物性浮游生物的魚……這樣的食物鏈，就在很狹窄的範圍內進行。生長在水中的植物，就變成動物們舒適的棲所。水中植物的豐富性，是判斷水中動物豐富性的標準。

觀察鯽魚

池塘、沼澤、湖水，甚至是河川下游常見的魚，就是鯽魚。在日本有金鯽、蘭氏鯽、高身鯽等，從過去就為人所熟知。金魚就是由鯽魚改良而來的。每一種都是雜食性，而高身鯽主要是以植物性浮游生物為食，因此會在靠近水面處生活。如果用網子撈到鯽魚的話，可以確認看看那是什麼種類。

觀察螯蝦

美國螯蝦的生命力很強，就算很汙濁的水中也多半能找得到牠。在淤塞的水中，可以找找靠近水草根部的地方。螯蝦平常以蝌蚪、水生昆蟲、小青蛙等為食。利用螯蝦什麼都吃這一點，來釣螯蝦吧。在木棒前端綁一條線，前面綁著魷魚乾或小魚乾當餌來釣。螯蝦來搶食時就把牠拉起來，用網子撈起。用手抓住，觀察牠的身體構造吧。

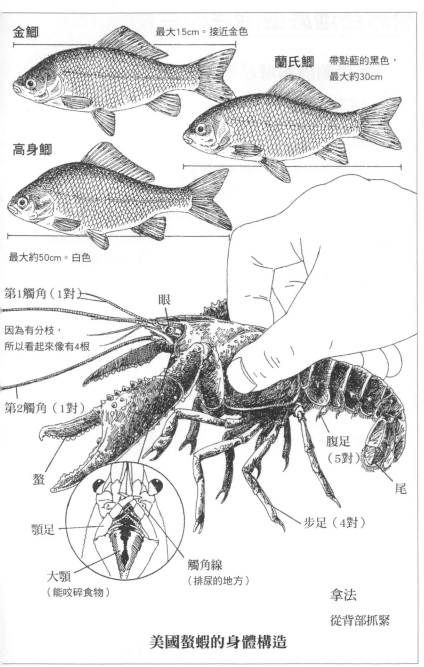

金鯽　最大15cm。接近金色

蘭氏鯽　帶點藍的黑色，最大約30cm

高身鯽

最大約50cm。白色

第1觸角（1對）

眼

因為有分枝，所以看起來像有4根

第2觸角（1對）

螯

顎足

大顎（能咬碎食物）

觸角線（排尿的地方）

腹足（5對）

尾

步足（4對）

拿法

從背部抓緊

美國螯蝦的身體構造

魚的身體與生活

觀察魚鰭的形狀與動作

你有沒有仔細看過魚的樣子呢？有飼養稻田魚或金魚的人，可以坐在水族箱前好好查看一下。背鰭、胸鰭、腹鰭、臀鰭、尾鰭各是什麼形狀呢？游泳的時候又是擺動哪些部位呢？把牠們描繪下來後，要掌握特徵就很容易了。魚的身體會配合棲息的場所與生活型態。住在海裡的魚，事實上都潛在深海中，所以除非去水族館否則很難看得到。還有一個能簡單觀察到的地點，就是賣魚的地方。雖然魚已經死了所以沒辦法看牠們游泳的樣子，但可以仔細觀察身體的形狀。如果店家不忙的時候也可以請教他們，不同的魚種分別是在哪裡捕獲到的。

側線是絕佳的感覺器官

仔細看魚的兩側，兩邊都有從鰓延伸到尾鰭的一條細線條。這兩條所謂的側線，是很像人類耳朵的感覺器官。獵物或敵人活動的時候，能透過水的波動讓側線快速地感覺到。所以可以掌握比視線還要遠的範圍。側線上有小小的孔，每一個孔上都長有細毛，只要一有震動，這些細毛就會朝某方向倒下，而感受到水波的變化。

因生活型態不同而有不同形狀的魚

魚類擁有各式各樣的外形。把沙丁魚、鯵魚、鯽魚、香魚、箱根三齒雅羅魚、平頷鱲等魚的形狀當標準來思考。上下方像被踩扁一樣平板的魚，如鰈魚、比目魚、魟魚等，都是住在海底的魚。反過來也有好像左右被壓扁的魚，如耳帶蝴蝶魚、絲背細鱗魨等。細長形的有秋刀魚、日本下鱵魚，更長的還有鰻魚、泥鰍等。鰻魚與泥鰍大多會潛入水底的泥土裡。

鮭魚

脂鰭在鮭魚、紅點鮭的同類，
以及香魚等身上都能看到

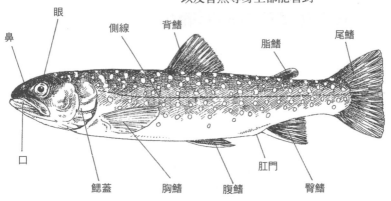

眼
鼻
側線
背鰭
脂鰭
尾鰭
口
鰓蓋
胸鰭
腹鰭
肛門
臀鰭

從上方看

從正面看

胸鰭就如同哺乳類的前腳，而腹鰭就是後腳，
因此各有1對。其他的鰭都只有1個

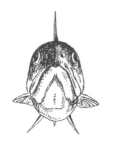

魚有各式各樣
的形狀

鮪魚、
鰤魚等

泥鰍、
鰻魚等

沙丁魚、
烏魚等

耳帶蝴蝶魚、
絲背細鱗魨等

鰈魚、
比目魚等

281

棲息在泥灘地裡的生物

泥灘地是如何形成的？

泥灘地指的是退潮之後出現的地面。漲潮時從海水帶來的養分，在退潮時便會留在泥灘地上。此外，這裡也是從河川帶下來的土沙堆積的地方。在這片不直接承受巨大波浪的河海交接地，土沙不會四處分散，於是便堆積了起來。而從河川帶來的土沙裡，也有豐富的養分。只要有養分、氧氣、太陽光，細菌或藻類這類植物性浮游生物就會增加。那麼以牠們為食的沙蠶或正顫蚓等底層生物也會增加。

泥灘地也有河川帶來的汙染

河川的水，也在途中混入了家庭與工廠排放的廢水，一直流到河口。比起上游來說，已經不能算是乾淨的水。河川本身原就擁有淨化作用，可以利用微生物來分解這些汙染，可是現今，包括家庭廢水等大量下水道的汙水被排入了河川，一旦河水量減少，河川本身的淨化作用便無法追趕上廢水排放的速度，以致於形成所謂底質汙泥這種汙染物的結塊。而能分解河口堆積的汙染物的，就是住在泥灘地的生物了。特別是沙蠶所扮演的角色就非常重要了。

沙蠶所扮演的角色

在泥灘地上，有貝類、蝦類、正顫蚓或沙蠶居住。其中沙蠶的數量最多。沙蠶會挖掘細長的洞穴居住，從一邊的洞口進食，然後由另一邊的洞口排糞出去。沙蠶的特徵，是吃真菌的同時，也會吃下水道排出的汙染物。棲居了許多沙蠶的泥灘地，就是天然的淨化場。

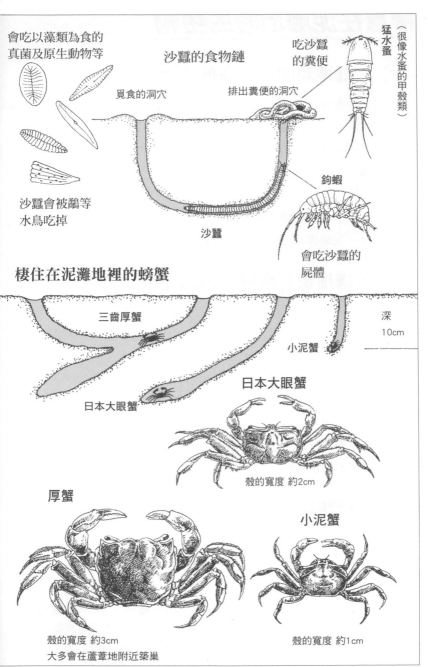

會吃以藻類為食的
真菌及原生動物等

沙蠶的食物鏈

吃沙蠶
的糞便

（很像水蚤的甲殼類）

猛水蚤

覓食的洞穴

排出糞便的洞穴

沙蠶會被鷸等
水鳥吃掉

鉤蝦

沙蠶

會吃沙蠶的
屍體

棲住在泥灘地裡的螃蟹

三齒厚蟹

小泥蟹

深
10cm

日本大眼蟹

日本大眼蟹

殼的寬度 約2cm

厚蟹

小泥蟹

殼的寬度 約3cm
大多會在蘆葦地附近築巢

殼的寬度 約1cm

棲息在沙地上的生物

靠近海的地方、靠近陸地的地方

　　到海邊散步，會有泥土的區域、泥與沙混合的區域、只有沙的區域。每個區域從表面雖然都看不出來有生物居住，但事實上那裡有許多種類的生物生活在其中。最靠近海面的區域，因為潮汐的漲落使乾涸的時間不多，所以不耐乾燥的生物大多在此生活。而離海岸越遠、越靠近陸地，生物就必須更能忍受環境變化且耐乾燥才能生存。也因此在種類上，越靠近陸地生物的種類就越少。

尋找沙地上的洞穴

　　在沙地裡，有貝類、螃蟹、沙蠶類等生物居住，每一種都是在退潮時會躲在洞穴裡。所以退潮的時候，去找尋洞穴吧。調查洞穴是圓形還是橢圓形，並測量大小。而在這附近還有沒有其他相同的洞穴？大約有多少個呢？像菲律賓簾蛤那種雙殼貝，只是把身體滑進沙裡，所以並不會挖得很深。最深也就是10公分而已。牠們會把水管伸出殼外獵食及呼吸。竹蟶在雙殼貝中是挖掘高手，洞穴可深達20～30公分，在洞穴裡撒下食鹽，竹蟶就會因刺激而快速地蹦出來。

住在沙地上的螃蟹

　　會自己挖掘洞穴並躲在裡面的，是螃蟹這一類生物。斯氏沙蟹多住在面對外海的乾淨沙灘上，屬夜行性動物。圓球股窗蟹則多住在河口等地的泥灘地裡，白天退潮時就會看見牠出沒。圓球股窗蟹會用螯撈起沙子來吃，只吃沙子中所含的養分，留下來的沙呈球狀吐出，撒在洞穴的四周圍。所以可以把沙球當作目標來尋找。

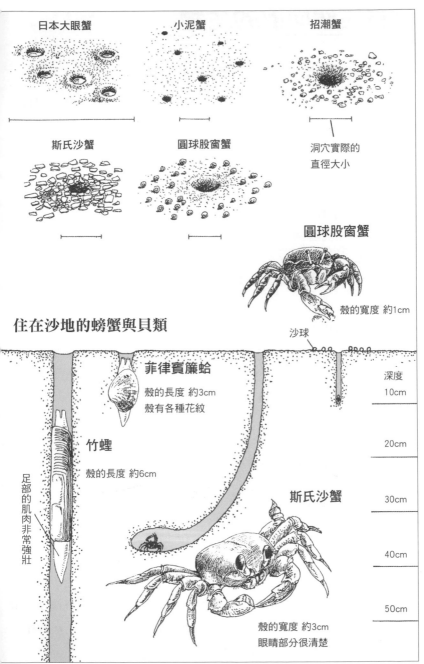

日本大眼蟹

小泥蟹

招潮蟹

洞穴實際的
直徑大小

斯氏沙蟹

圓球股窗蟹

圓球股窗蟹

殼的寬度 約1cm

沙球

住在沙地的螃蟹與貝類

菲律賓簾蛤

殼的長度 約3cm
殼有各種花紋

竹蟶

殼的長度 約6cm

足部的肌肉非常強壯

斯氏沙蟹

殼的寬度 約3cm
眼睛部分很清楚

深度
10cm

20cm

30cm

40cm

50cm

棲息在岩岸邊的生物

潮汐漲落所形成的棲地分隔

連綿的岩石堆所形成海岸，就叫岩岸。想要觀察住在岩岸的生物，最重要的就是要知道該地的海水會漲多高。儘管是同一塊岩石，卻有一直都浸泡在海裡的部分，以及滿潮時浸在海裡、乾潮時又暴露在空氣中的部分（潮間帶），還有滿潮時會受到浪花飛濺的部分（飛沫帶）。這不同的地帶居住的生物也都不同。

觀察飛沫帶

沒有激烈浪潮沖刷的飛沫帶，是可以不管潮水漲落都能進行觀察的地點。鵝足青螺、藤壺等顏色近似岩石的生物，就附著在岩石表面上。也找找看很像從岩縫間伸出手的龜爪，以及小的卷貝類短玉黍螺等吧。短玉黍螺在幼年時住在潮間帶，但成長之後就住在浪潮打不到的飛沫帶了。試著把牠放到海水下的岩石看看，應該就能看見牠慌忙爬上水面的樣子。

觀察潮間帶

退潮的時候，就可以走到潮間帶上。海藻很多，附著在岩石上的生物種類也很豐富。首先仔細尋找岩石表面吧。應該有貝類緊緊地貼在上面。使用鐵勾（也可以用餐刀）把牠們剝離岩石。看完牠內側的模樣後，再放回原處。日本花棘石鱉一被剝下來，就會立刻蜷曲腹側。把牠放回岩石上，看看牠如何恢復原狀吧。牠們都是生物，所以不要粗暴地對待牠們。找過岩石表面之後，接著找找岩石間吧。這種地方手很容易受傷，所以一定要戴上工作手套。因為生物的種類很多，無法一一介紹，所以請參考專門介紹的圖鑑。

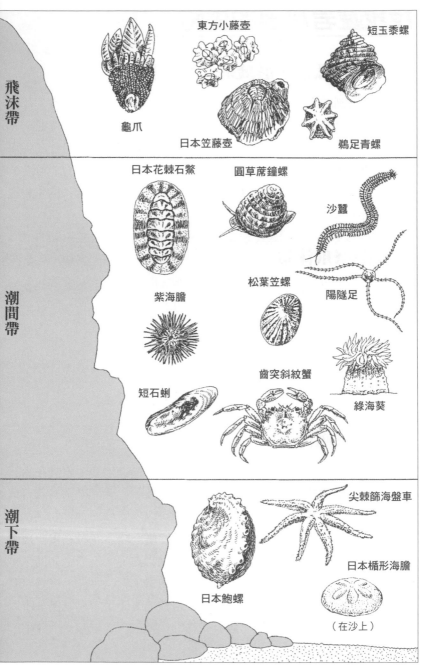

飛沫帶

東方小藤壺
短玉黍螺
龜爪
日本笠藤壺
鵝足青螺

潮間帶

日本花棘石鱉
圓草蓆鐘螺
沙蠶
紫海膽
松葉笠螺
陽隧足
短石蜊
齒突斜紋蟹
綠海葵

潮下帶

尖棘篩海盤車
日本楯形海膽
日本鮑螺
（在沙上）

287

找找潮池吧

了解漲潮、退潮的時間

退潮之後，留在岩石凹陷中的大小水窪，都稱為潮池。在裡面的小魚跟小蝦，隨著浪潮而來，牠們被困在裡面等待著下一個漲潮。潮池，可說是自然水族館。想要觀察潮池，一定要知道潮水的漲落時間。氣象局網站，可以查詢到詳細的一日漲、退潮時間。而只要去釣具店一趟，還可能拿到整年的「潮汐表」。每天有2次的漲退潮，尤其在滿月與新月時，潮水漲落的幅度會特別的大，稱為大潮。此外季節不同，漲退潮的情形也不同。春季常是白天退潮，而秋季則常在晚上退潮。夏季與冬季的白天晚上並沒有太大的差別。所以在春季到夏季的大潮期間，就可以觀察到更寬廣的範圍。

以潮池為主的觀察

確定退潮時間後，提前2個小時到達現場吧。包括退潮的時間，總共有3個小時適合進行觀察。因為很容易沈迷其間而忘了時間，所以一定要帶手錶。找到潮池後，參閱前一頁查查看是位於潮間帶的上方或是下方吧。如果兩者都找得到，就能把裡面的生物做個比較了。觀察的方法是首先什麼都別做，靜靜看著潮池。大概5分鐘左右眼睛習慣後，你就會發現本來以為是岩石的地方，竟然有生物在那裡。住在水裡的生物，對水的變化很敏感，就算你輕輕把手放入而弄出一點波紋，牠們也會小心地隱藏起來。因此要在自然的狀態下，耐心等待。這麼一來就能夠觀察到魚的游動、螃蟹的行走，以及海葵緩緩伸出觸手來捕食的樣子了。也許你覺得只是靜靜地觀察，既無聊又無趣，但這才是觀察生物時最基本的態度。先從觀看生物最自然的樣貌，之後才是動手取來觀察。

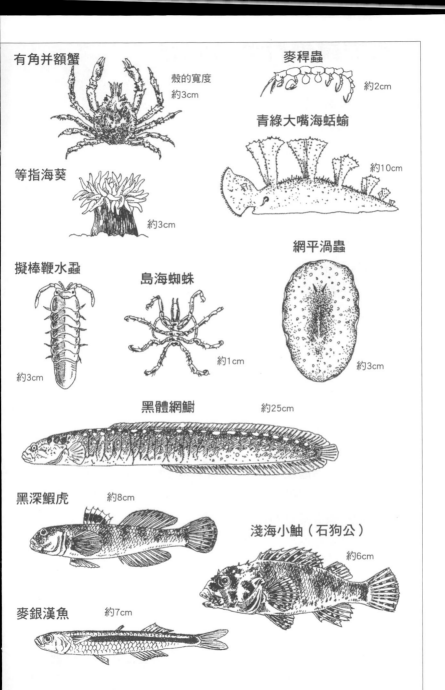

有角并額蟹
殼的寬度 約3cm

麥稈蟲
約2cm

青綠大嘴海蛞蝓
約10cm

等指海葵
約3cm

擬棒鞭水蝨
約3cm

島海蜘蛛
約1cm

網平渦蟲
約3cm

黑體網鯙
約25cm

黑深鰕虎
約8cm

淺海小鮋（石狗公）
約6cm

麥銀漢魚
約7cm

用箱型鏡來看看潮池吧

進入潮池

用肉眼看過潮池之後，接著就進入潮池用箱型鏡來瞧瞧吧。透過箱型鏡看見的海裡，景象很鮮明。找找看，岩石上附著了什麼東西，岩石縫中又藏了什麼生物。小魚的動作非常迅速，一下子就躲起來了，可是只要再稍等一下，小魚又會再跑出來。如果有可以移動的石頭，拿起來看看吧。看完躲在石頭後面的生物後，一定要放回原來的地方。潮池在下一次漲潮前的幾個小時之間，就維持這樣的狀態。這段時間在太陽的照射下，水裡的溫度會上升，鹽分濃度會變高。也可以說在潮池裡居住的生物，很能適應這樣的變化。

外表華麗的生物們

狀似岩石表面的許多生物中，有些顏色會鮮麗得令我們驚豔，例如海蛞蝓。牠的身體上有許多裝飾，而且扭動的姿態，叫人越看越有趣。像海蛞蝓一樣外殼退化的卷貝類中，還有海兔。只要用手指去戳一戳牠的身體，就會噴出紅紫色的液體，這是為了嚇退敵人用的，並沒有毒。此外還有海星、海葵類等許多顏色顯眼的生物。仔細觀察海星移動身體的方式，以及海葵使用觸手的方法吧。

潮池的危險生物

魚類中，線紋鰻鯰、褐籃子魚的鰭上有毒刺，要十分小心。關東地區以南的海域，還有名為藍紋章魚的小章魚，被牠咬到會引起嘔吐及痙攣等症狀。此外，喇叭毒棘海膽或棘冠海膽的刺也會傷人，如果刺進皮膚裡，要儘快拔起來，迅速就醫。

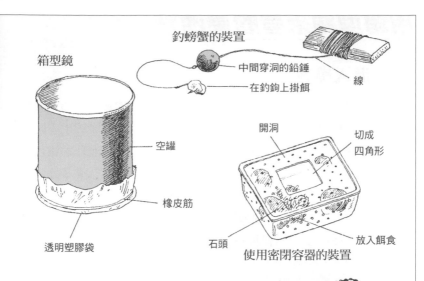

釣螃蟹的裝置

中間穿洞的鉛錘

線

在釣鉤上掛餌

箱型鏡

空罐

橡皮筋

透明塑膠袋

開洞

切成
四角形

石頭

放入餌食

使用密閉容器的裝置

潮池的危險生物

藍紋章魚

被咬後會引起嘔吐
或痙攣，嚴重者可
能致死

線紋鰻鯰

被刺螫傷後會
紅腫刺痛

棘冠海膽

被刺傷後會劇烈
疼痛，肌肉麻痺

褐籃子魚

被刺螫傷後會刺痛，
也可能昏倒

喇叭毒棘海膽

雖然刺很軟，但只要碰觸到
前端的爪，就會劇烈疼痛

291

被海浪沖上岸的東西

海邊尋寶

在海岸邊散步，就會看到被海浪沖上岸的海草、斷木、瓶子等。有時候也會在海草之間發現海岸附近沒見過的生物屍體。還有遙遠南方島嶼的椰子、動物的骨頭、船的殘骸等也會被打上岸來。海岸是尋寶的地方。把撿到的空瓶或空罐拿起來，仔細看看，有些不是本地生產的。調查看看這些是哪個國家的瓶罐，去研究它們是隨著哪個洋流漂來的，也很有趣。如果你住在海邊附近，就定期進行這項尋寶行動吧。

藏在漂流物裡的生物

撿起被打上岸來的海草與樹枝，看看從下方是不是有什麼東西竄出來。那是跳蝦、海蟑螂、鉤蝦等。這些生物白天藏在沙子裡或被沖上來的漂流物底下，一到晚上就會爬出來，尋找生物的屍體來吃。會被沖上來的生物屍體，包括魚、螃蟹、水母等，如果是岩岸邊還可能發現海星及海蛞蝓等類的卵。

製作標本的方法

首先參閱306頁，把海草洗淨後，用厚紙板撈起來。接著放在遮陰處晾乾約1小時之後，在上面蓋上白紙或布保持乾淨，然後以壓花的方式放到報紙上，再輕輕地壓上石頭。2～3天之後就會完全乾燥。魚或動物的骨頭如果已經完全乾燥了，就直接放入盒子裡保存。每一個都要貼上標籤，寫上撿到的年月日、地點、名稱等。樹木的果實與種子，還有形狀有趣的漂流木等，如果能當桌上的擺飾也很不錯。

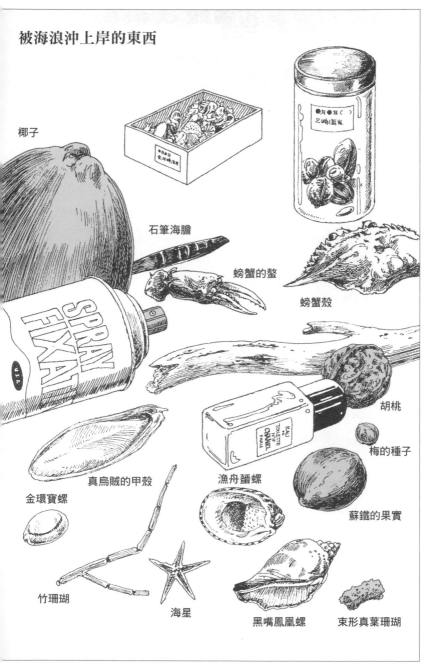

被海浪沖上岸的東西

椰子

石筆海膽

螃蟹的螯

螃蟹殼

SPRAY FIXA

胡桃

EAU DE TOILETTE CHANEL PARIS

梅的種子

真烏賊的甲殼

漁舟蜑螺

蘇鐵的果實

金環寶螺

竹珊瑚

海星

黑嘴鳳凰螺

束形真葉珊瑚

魚店裡看得到的魚類及貝類

魚也是有產季的

距岸邊較近的淺海地區的魚類與貝類，在潮池裡就能看得到。而遠洋的魚類，還有深海底下的魚種，就到魚店去觀察吧。整齊擺放在魚店裡的魚，你知道的有幾種呢？常去買魚的人可能會知道，不過不同的季節裡，販賣的魚也會不同哦。能捕獲到最多、吃起來也最美味的季節，就叫做該種魚的產季。雖然蔬菜與水果都有產季，但最近因為溫室栽培等能讓蔬果提早生產，所以產季也變得不是那麼清楚。這一點，魚類的產季就明顯多了。春天有日本下鱵魚與日本花柏，夏天是鰹魚與花枝，秋天有鯖魚與秋刀魚，到了冬天，就是沙丁魚還有鰤魚了。當然除此之外還有很多很多，不同地區也可以見到各種特產的魚類。

製作魚店的觀察筆記

貝類也有產季之分。菲律賓簾蛤、角蠑螺、中華馬珂蛤是春天產的，九孔、黑殼鐘螺是夏天，牡蠣、扇貝、赤貝是秋天到冬天時最好吃。也有靠養殖而一年到頭都有的貝類，但美味的程度可就比不上天然捕捉的。製作1本在魚店所做的觀察筆記，記錄下究竟有哪些魚類出現過。每個月至少進行2次的調查。持續一整年之後，就能完成寶貴的魚類圖鑑了。

調查小魚乾

所謂小魚乾，就是沙丁魚類的幼魚。有些也會摻雜了香魚的幼魚。把買回來的小魚乾攤開來仔細看，會發現還有其他生物混在裡面。小螃蟹、小蝦、還有浮游生物等。調查看看到底有幾種生物吧。

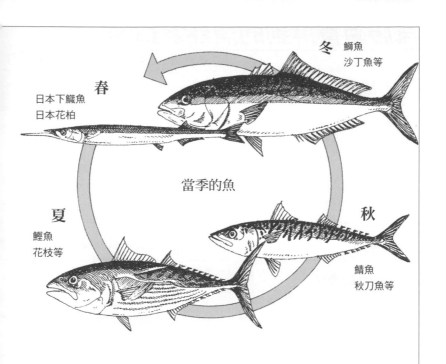

冬
鰤魚
沙丁魚等

春
日本下鱵魚
日本花柏

當季的魚

夏
鰹魚
花枝等

秋
鯖魚
秋刀魚等

混在小魚乾裡的生物

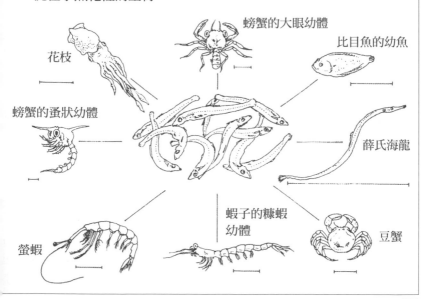

花枝

螃蟹的大眼幼體

比目魚的幼魚

螃蟹的蚤狀幼體

薛氏海龍

螢蝦

蝦子的糠蝦
幼體

豆蟹

生物月曆

可以在河川、池塘或沼澤見到的時期（月

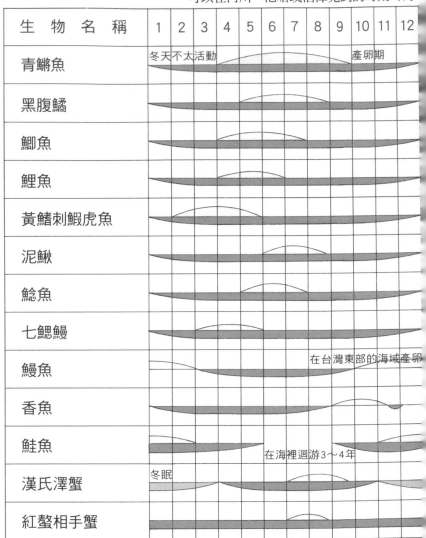

生 物 名 稱	1	2	3	4	5	6	7	8	9	10	11	12
青鱂魚	冬天不太活動									產卵期		
黑腹鱊												
鯽魚												
鯉魚												
黃鰭刺鰕虎魚												
泥鰍												
鯰魚												
七鰓鰻												
鰻魚							在台灣東部的海域產卵					
香魚												
鮭魚						在海裡迴游3～4年						
漢氏澤蟹	冬眠											
紅螯相手蟹												

*漢氏澤蟹一生都在淡水裡度過，母蟹會將卵抱住，孵化後還會再保護一段時間。生下的後代是稚蟹的外形。而紅螯相手蟹等海水蟹，都要經過蚤狀幼體、大眼幼體等幼體期之後，才會變成稚蟹的樣子。

296

去看岸濱的生物

觀察時的用具與服裝（264頁）

被海浪沖上岸的東西（292頁

棲息在沙地上的生物（284頁）

來的時間剛好

潮水退得差不多了呢

看看這裡有什麼

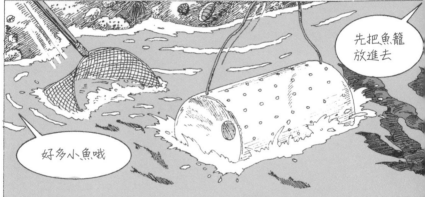

先把魚籠放進去

好多小魚哦

用箱型鏡看更清楚

跑到石頭下面

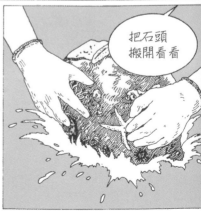

把石頭搬開看看

用箱型鏡來看看潮池吧（290頁）

哇，好快！又跑掉了

和石頭顏色一樣的螃蟹

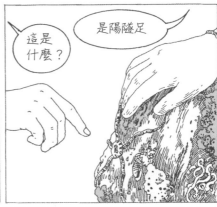

這是什麼？

是陽隧足

潮水慢慢退了

岩石表面很粗糙

這種生物叫做藤壺哦

我不是說過穿拖鞋很危險嗎

好痛！

岩石很容易刮傷腳去換上球鞋！

用箱型鏡來看看潮池吧（290頁）

哇，是什麼？

呼！嚇我一跳

煙幕彈，沒事

把剛剛放的魚籠拿起來

好像有東西跑進去了

有蝦子

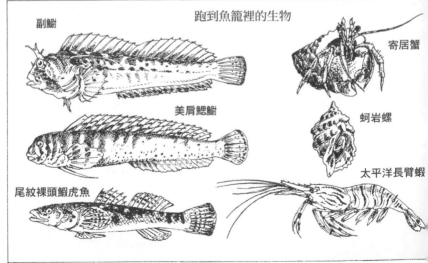

跑到魚籠裡的生物

副鰧

美肩鰓鰧

尾紋裸頭蝦虎魚

寄居蟹

蚵岩螺

太平洋長臂蝦

找找潮池吧（288頁）

可以潛水嗎？

可以，
要小心哦

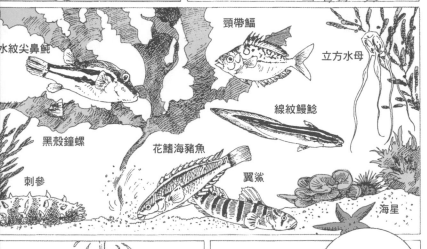

水紋尖鼻魨

頸帶鯒

立方水母

線紋鰻鯰

黑殼鐘螺

花鰭海豬魚

刺參

翼鯊

海星

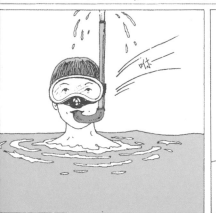

啪

開始漲潮了。
我們該回去了

放進去之前
先拍個照吧

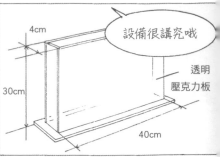

設備很講究哦

4cm

30cm

40cm

透明
壓克力板

這麼一來
就可以從
側面拍照了

好好笑的臉哦

黑殼鐘螺
也放進去

海藻
要洗乾淨

用厚紙板撈起來
放在陰涼處晾乾

完成後的標本

被海浪沖上岸的東西（292頁）

亞馬遜是生物的寶庫

　　溫度與溼度越高，棲息在該處的生物種類就會越多。世界上生物種類最豐富的地方，就在南美洲的廣大熱帶雨林亞馬遜地區。亞馬遜河發源於安地斯山脈，這條由許多支流匯集而成的巨大河流，最後流入太平洋。河水的顏色是混濁的茶色，不太容易看到河裡游魚的身影，但是棲住在裡面的淡水魚數量卻非常豐富。食人魚和鯰魚的種類很多，被稱為虎皮鴨嘴的鯰魚，體長超過1公尺。就算是第一次嘗試釣魚的人，隨手放線下去也很容易有魚上鉤。這樣的亞馬遜河裡，還有體長2公尺至5公尺、巨大得令人吃驚的魚類。世界最大的淡水魚——巨骨舌魚，是外形將近1億年都沒有演化過的古代魚。巨骨舌魚是草食性的魚，住在水流較為平緩的支流中。當地人非常熟知牠會出現的地方。很可惜我看到的巨骨舌魚，都是在市場上。住在亞馬遜河流域的人們，每天都會帶著感恩的心情生活，感謝亞馬遜河賜予他們重要的食物來源。

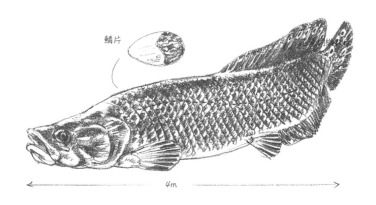

鱗片

4m

植物

觀察時的用具與服裝

基本上只需要筆記與鉛筆

服裝，穿好走的鞋及長袖襯衫、長褲，用具則是筆記與鉛筆。觀察植物的時候，只要這一身輕便的裝扮就可以了。當然也要注意依季節的不同加件外套，或是根據地點的需要穿上長統雨靴等。與動物相比之下，植物並不會移動，可以隨時隨地照我們的意思來進行觀察，這真是植物值得感謝之處。活用「看、聽、嗅、摸、嚐」這五感，來對植物進行觀察吧。

更進一步仔細觀察

植物的生長，受季節與環境的變化微妙地影響著。所以要畫在筆記上的時候，要加上時間、地點，並盡可能地詳細描述當時的狀況。是一天中的清晨、白天、傍晚，還是晚上。天氣如何，可以的話連前一天的天氣都寫下來。附近有沒有住家呢？周遭的自然環境又是如何？記錄這些環境的方法之一，就是用相機來拍照。而為了要更了解植物，畫圖比照相還有用，也會加深印象。只是為了要記錄包含這株植物的廣大範圍，就需要用相機拍下來，把照片貼在素描的旁邊，這樣看起來就是更為詳細的野外筆記了。（92頁）

採集植物時

要去採集山野草及樹木果實的時候，必須先準備小刀、報紙、塑膠袋等工具。也要遵守採集分享的原則。為了明年再來，為了其他的人，最重要的是為了該植物本身，千萬不要連根拔起。尤其要注意別過度採集。

背包

地圖
筆記本
筆記用具
雨具等
都放進去

急救用品

放大鏡

照相機

口袋圖鑑

植物図鑑

報紙

繩子

捲尺

塑膠袋

橡皮筋

有帽緣的帽子

長袖襯衫

鏟子

長褲

小刀

運動鞋

尋找住家附近的雜草

生命力旺盛的雜草

住家附近的空地上與道路的兩旁，生長著各式各樣的雜草。而水泥裂縫、石牆的縫隙之中，也會有生命力強的花草冒出來。我們人類因建築房屋、開闢耕地，大大地改變了土地的環境。可是無論變成什麼樣的環境，適合該處的雜草就會堅韌地生長出來。調查住家附近的雜草，就能了解自己所居住的土地是怎麼樣的土地。

不同環境生長的種類也不同

乾燥的地點、潮溼的地點、小石礫多的荒地、黑土、紅土、日照強、樹蔭下……隨著這些環境的差異，生長出來的植物也完全不同。因此反過來說，如果會長出相同植物的地方，那麼也可以視為土地性質是相似的。雜草的種類很多，這裡我們就來確認雜草指的是什麼樣的植物吧。人類為了收成而栽培的植物，稱為作物。於是相反地，在自然狀態的森林、河川或海邊生長的植物，就稱為野生植物（一般稱為野草）。除了作物與野生植物以外的植物，就稱為雜草。雜草之中，有些也生長在人類施工但不是用來栽培作物的地方，如田埂、堤岸、道路旁等，這些便稱為村落植物。

繪製雜草分布地圖

首先簡單畫下住家附近的地圖吧。接著拿著地圖，出門散步去調查有哪些雜草生長吧。這是整年都能進行的觀察，不過春夏期間種類特別多。可以用色鉛筆依種類來畫記號，並寫下來。回家以後再利用圖鑑調查雜草的名稱。

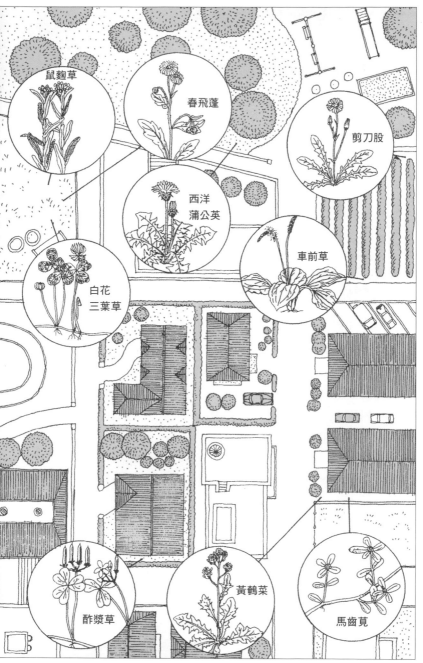

鼠麴草

春飛蓬

剪刀股

西洋蒲公英

白花三葉草

車前草

酢漿草

黃鵪菜

馬齒莧

一年四季都來觀察吧

尋找附近的觀察地點

調查雜草最有趣的一點，就是隨季節不同逐漸產生的改變了。如果要持續進行1年、2年，甚至更久的觀察，那麼容易到達的場所是先決的條件。還有要注意的是，儘管目前是空地，但如果馬上就要蓋房子的話，就不適合進行觀察。至於公園裡雖然有很多植物，但也有除草等人為因素會改變狀況。因此要尋找適合的觀察地點，其實還頗為困難。長年空下來的地點、道路旁，以及人類會依季節而進行耕作的田地，都可以作為觀察的對象。

劃定範圍來調查

地點決定好，接下來就是調查那裡有些什麼樣的植物種類了。先做出一個1平方公尺的範圍會比較容易調查。拿一條4公尺的繩子，每1公尺的地方做一個記號，接著拿這條繩子把觀察地點圍成正方形。環顧四周，如果還有生長出植物種類差異很大的場所，那也同樣用這種方式來進行調查。在獲得允許自行處置的地方，如校園等，就可以在選定範圍的四個角落釘上木棍，那麼每次都能準確地觀察到相同的地點了。同樣植物匯集而成的生存體叫做群落，而調查群落時，對於同樣植物在1平方公尺內約占百分之幾，這一點也要調查看看。

變遷的群落

在剛除完草的土地、耕過的農地，或是建築預定地上，首先會有一年生植物出現。從春天到夏天是狗尾草或升馬唐，到了秋天變成野茼蒿及白頂飛蓬，冬天大多會長出豬草。然後逐漸變成多年生雜草群落。只要持續觀察，就會清楚這些變化。

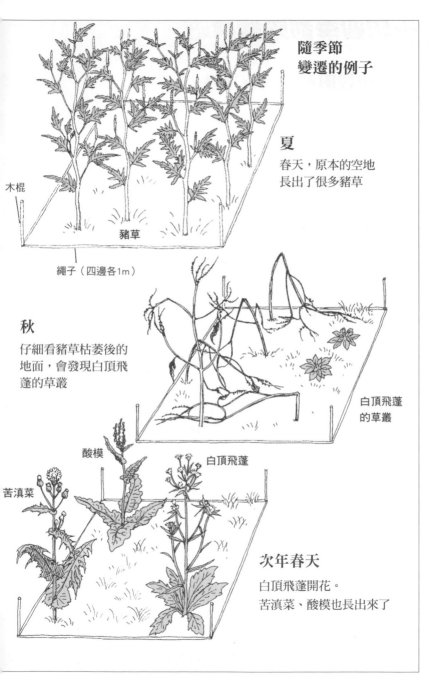

隨季節變遷的例子

木棍

夏
春天，原本的空地長出了很多豬草

豬草

繩子（四邊各1m）

秋
仔細看豬草枯萎後的地面，會發現白頂飛蓬的草叢

白頂飛蓬的草叢

酸模

苦滇菜

白頂飛蓬

次年春天
白頂飛蓬開花。
苦滇菜、酸模也長出來了

田間看得到的雜草

田間的1年

　　農田，是人類為了栽種農作物的耕地。生長在那裡的雜草，經過耕田與除草之後，依然堅韌地生存著。首先，先來看看田間的1年吧。春天來臨，農夫開始整理田地，先除雜草、犁田，然後引水灌溉。春天接近尾聲時，終於可以種植了。到了秋天收成時期，田裡的稻穗結實纍纍，等收割完畢後，田地再度回歸寂靜，等待明年春天的來臨。

生長在田間的雜草

　　能看到雜草的時間，是冬天至春天開始耕作之前。當然夏天也會生長雜草，但數量極少。冬天時，在留下收割後的稻株的水田裡，最先會出現的雜草是石龍芮、小葉碎米薺。之後能見到看麥娘、天蓬草、稻槎菜等。這些雜草在冬天發芽，春天生長開花，在整田之前會結果落下種子，生長期間是非常地短暫。從2月到5月間去田裡看看，調查到底有哪些雜草生長。記住田地對於農家而言，是非常重要的地方，所以千萬不要擅自踩進田裡。

持續觀察休耕地

　　在旱田生長的雜草，與在水田生長的雜草有很多共通的地方。不過旱田的耕作時期會因作物不同而有差異，因此雜草的種類也更多了。而且依氣候條件、土壤等也會有所不同，所以前往附近的旱田去調查一下吧。此外，最近的休耕地越來越多了。如果是休耕地，就能夠進行1整年的觀察。

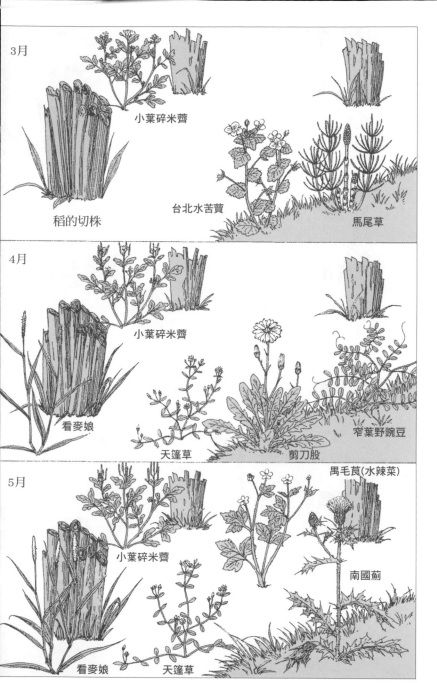

3月

小葉碎米薺

稻的切株

台北水苦蕒

馬尾草

4月

小葉碎米薺

看麥娘

天篷草

剪刀股

窄葉野豌豆

5月

禺毛茛(水辣菜)

小葉碎米薺

南國薊

看麥娘

天篷草

為植物素描

葉的形狀

這裡列舉的
全都是一整片葉子

一個節點長出二片以上的葉子稱為輪生

一個節點長出
二片葉子稱為對生

一個節點長出一片
葉子稱為互生

為植物素描時，不管畫得好不好看，重要的是要把特徵清楚地畫出來。參考下圖中葉、莖、花的形狀等特徵，來進行素描吧。

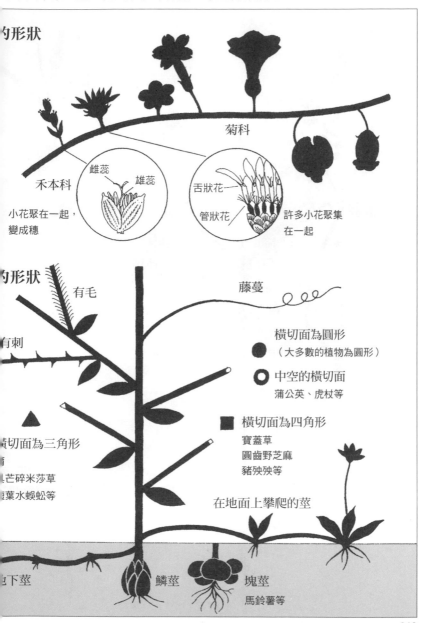

的形狀

菊科

禾本科

雌蕊　雄蕊

小花聚在一起，
變成穗

舌狀花

管狀花

許多小花聚集
在一起

的形狀

有毛

有刺

橫切面為三角形

具芒碎米莎草
寬葉水蜈蚣等

藤蔓

橫切面為圓形
（大多數的植物為圓形）

中空的橫切面
蒲公英、虎杖等

橫切面為四角形
寶蓋草
圓齒野芝麻
豬殃殃等

在地面上攀爬的莖

地下莖　　鱗莖　　塊莖
　　　　　　　　　馬鈴薯等

蒲公英──身邊花朵的生活史

追蹤一朵蒲公英

你知道蒲公英的壽命嗎？從春天到夏天，那黃色的花朵隨處可見，因此會覺得它們的開花期很長吧。今年你仔細注意一朵蒲公英，調查看看它的生活史吧 ①從花苞到綻放，需要花多少天 ②花朵會開幾個小時 ③以早上8點至10點，傍晚4點至6點的時段為主在一旁觀看 ④陰天、雨天的時候，花又變得如何 ⑤從花謝到變成棉毛，需要幾天的時間？

西洋蒲公英與日本蒲公英

從國外引進日本的蒲公英，叫做西洋蒲公英，日本原來就有的蒲公英，則通稱為日本蒲公英，日本蒲公英依地區的不同，有關東蒲公英、關西蒲公英、白花蒲公英等約20個種類，主要為春天開花。秋天會開花的，多為西洋蒲公英。分辨西洋蒲公英與日本蒲公英的重點，就是總苞。西洋蒲公英的總苞，會向下反折。

授粉就能增生的西洋蒲公英

蒲公英花上，有蜜蜂、白粉蝶、紅灰蝶等昆蟲會來造訪。日本蒲公英就是靠這些昆蟲，把花粉帶到雌蕊上進行授粉。可是西洋蒲公英與日本蒲公英中的白花蒲公英與蝦夷蒲公英，可以不授粉就能播種（此為單性生殖）。因此只要有一株，接著四周的數量就會越來越多。

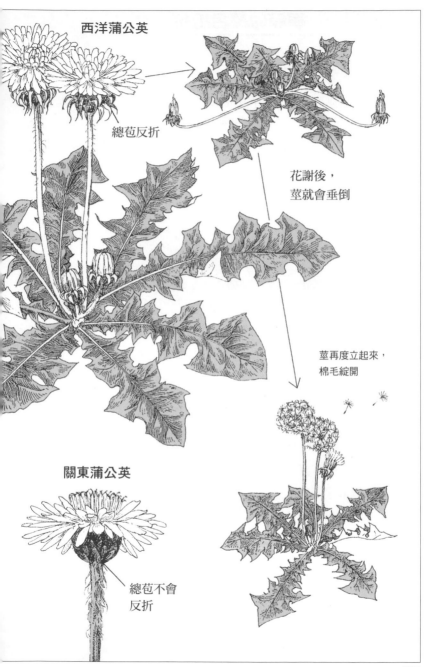

西洋蒲公英

總苞反折

花謝後，
莖就會垂倒

莖再度立起來，
棉毛綻開

關東蒲公英

總苞不會
反折

321

行道樹──寧靜的綠色街樹

有哪些行道樹呢？

　　並行排列通往學校門口的櫻花樹，沿著河川兩旁綿延不斷的柳樹，公園裡的銀杏樹……都會區裡的這些樹木，帶給我們心靈的安穩。此外，樹木藉由光合作用也會產生含氧豐富的空氣。可以向各縣市管理單位（例如公園路燈工程管理處或建設課）詢問有關行道樹的資料，那麼就能獲得哪些地方種了哪些行道樹的資料了。

每天經過時進行觀察

　　利用附近的行道樹，調查下列的進一步資料吧　①什麼時候開花，又是什麼時候結果　②如果是落葉樹木，那麼大約何時會開始落葉　③何時整理（指修剪樹枝）？為什麼要在那個時期整理？經過行道樹旁時，仔細觀察一下，就會看到一些以前從沒注意過的事情。開始變色的葉子，鳥兒們啄起的果實，甚至春天還能看見鳥兒築巢。

找出問題點

　　夏季的時候製造了樹蔭，給予我們安穩舒適的行道樹，也是會帶來問題的。葉子太過茂盛以致看不到交通號誌，在行道樹旁的店家看板也看不清楚，以及秋天開始落葉造成清掃負擔等等。對附近的行道樹存在的問題點，進行一番調查吧。同時，雖然無法看見，但也請試著想一想行道樹的根是怎麼生長的。地面上看起來有足夠的空間，讓根部充分地蔓延生長嗎？

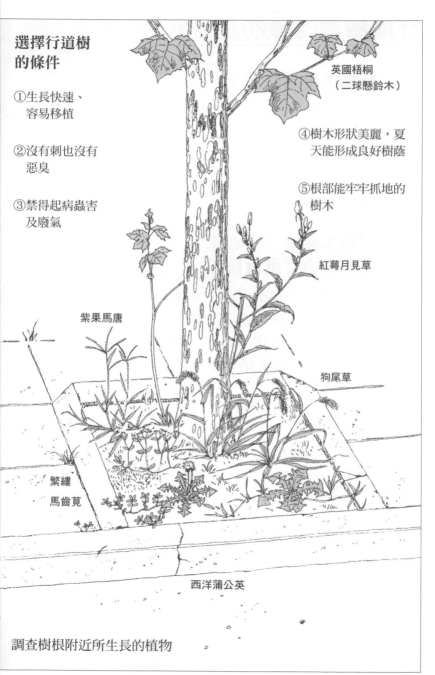

選擇行道樹的條件

①生長快速、容易移植

②沒有刺也沒有惡臭

③禁得起病蟲害及廢氣

④樹木形狀美麗，夏天能形成良好樹蔭

⑤根部能牢牢抓地的樹木

英國梧桐（二球懸鈴木）

紅萼月見草

狗尾草

紫果馬唐

繁縷

馬齒莧

西洋蒲公英

調查樹根附近所生長的植物

尋找報春的植物

在身邊尋找春天

2月4日左右是立春。雖然實際上還很冷，但這時候可以開始尋找春天了。走在路上的時候，注意看看四周，道路兩旁是否有花朵在開了呢？是否已經有植物開始發芽了呢？在日照充足的地方，很早就會開花的是寶蓋草。俗稱扇子草的薺也會很早就開出小白花。所以，出門散步去尋找春天吧。

到雜木林裡尋找春天

那麼，雜木林又如何。有許多落葉樹木的雜木林，從冬天到春初，連地面都曬得到太陽。感受這股暖意而在春天最初綻放的花，是豬牙花與節分草，有時還能見到鵝掌草、銀線草、三枝九葉草。豬牙花開出的花朵是淡紫色的花，以前都是從它的球根粹取太白粉成分的（又稱為片栗粉，現在太白粉則是由馬鈴薯的澱粉製成）。夏初當其他植物枝葉繁茂的生長時，豬牙花卻開始枯萎，並在球根裡貯存了充分的養分，等待明年春天的到來。如果找到豬牙花，請從春天到夏初，好好觀察它會出現什麼樣的變化。

品味春天

有些春天的植物是可以吃的。如遼東楤木的芽、蜂斗菜、馬尾草等都是。遼東楤木常見於樹林邊緣、山路旁。它幾乎沒有分枝，從根部到頂端都是一樣粗細，且整株布滿了刺。只有在最頂端會長出嫩芽，如果拔掉這個嫩芽，兩旁的小嫩芽就會再長出來。頂端的嫩芽被人類拔去，或是被蟲吃掉，兩旁的預備嫩芽就會生長。

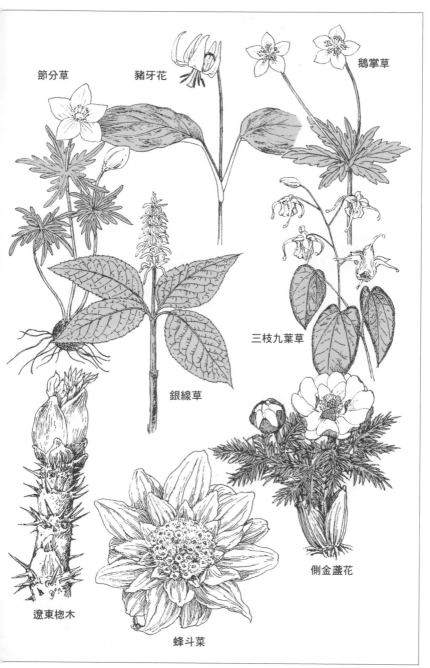

節分草　豬牙花　鵝掌草

三枝九葉草

銀線草

遼東楤木　蜂斗菜　側金盞花

菫菜——種類繁多的可愛花朵

日本是菫菜王國

春天開放的花朵中，如果要說到四處都有的，那就是菫菜了。只要稍加留心，真的是所到之處都能見到。儘管花的顏色與葉子的形狀都有不同，但因為花朵形狀獨具特色，因此都能一眼就認出那是菫菜。日本約有90種菫菜科植物，其中光是常見的就有40～50種。三色菫是從野生菫菜改良作為觀賞用的植物，花的顏色除了綠色之外，據說各種顏色都有。

素描的重點

①大致上，菫菜可以分為有莖的菫菜與沒有莖的菫菜。雖然乍看之下似乎全部都是有莖的，但是和蒲公英一樣，從根部就長出葉子的菫菜，擁有的是地下莖，而看起來像莖的其實是它的葉柄。看見菫菜的時候，要先判斷它是屬於哪一種。
②葉子是心形、三角形、細長三角形，還是橢圓形呢。順便看看有沒有鋸齒狀。
③花是左右對稱的。正確地畫出花瓣大小的平衡感。
④不同種類的菫菜，雌蕊的柱頭形狀也各不相同，用放大鏡看過後畫下來。

各種菫菜

在鄉間較為常見的，是無莖的紫花地丁。雖然與草原上多數的菫菜很相似，但開花期是紫花地丁較早。除了都會區以外，隨處都可見的紫花菫菜是有莖的，花的顏色從深紫色至接近白色的紫都有。還有強烈香氣的翠峰菫菜（有莖）與茜菫（無莖），常見於日照充足的草地上。至於叡山菫（無莖），則多見於樹林中。

有莖的菫菜　　　　　　　無莖的菫菜

莖

這是葉柄，和蒲公英的莖不一樣

葉的形狀　　　　　　花的形狀

記錄範例

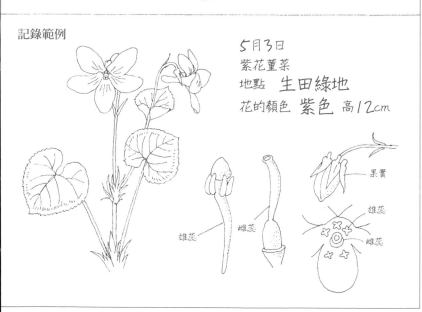

5月3日
紫花菫菜
地點　生田綠地
花的顏色　紫色　高12cm

雄蕊　　雌蕊

果實

雄蕊

雌蕊

藤蔓植物——攀附在其他物體上生存

尋找藤蔓植物

植物之中，有些是無法依靠自己的莖站立，而必須捲繞在其他植物上才能生存的。住家庭院裡常見的絲瓜、瓠瓜、紫藤等都屬於這一類，稱為藤蔓植物。藤蔓植物並非寄生在其他植物身上，而是靠自己進行光合作用。藤蔓植物之中，有些並不纏繞其他植物，而是在莖的部分長出鬚根（稱為附著根），能夠沿著大型樹木或建築物的牆壁往上攀爬，如蔓紫陽花、常春藤、藤漆、斑葉絡石等。地錦的捲鬚上則有吸盤，所以當然也能夠攀爬牆壁。

調查是左捲還是右捲

要調查是向左捲曲還是向右捲曲，必須要從上方觀看捲曲處。順時針旋轉的是右捲，逆時針則是左捲。藤蔓植物之中，有些是固定向右或向左捲，有些則不固定。就算是同種類的植物，也要多調查幾次。而以捲曲的部分來說，大葛藤與薄葉野山藥是利用莖來捲的。然而山葡萄、小本山葡萄、烏斂莓等，則是從莖部生長出捲鬚來攀爬。窄葉野豌豆、海濱山黧豆等的捲鬚，是由葉子的前端長出。所以盡量去觀察各種不同的藤蔓植物吧。

冬天蟄伏在地面下的藤蔓植物

在郊外樹林裡也看得到的絞股藍及王瓜，擁有藤蔓植物中少有的特殊習性。春天到夏天它們會拼命往上生長攀爬，到了秋天至冬天，就不再往上伸展，而是直接垂下。前端會接觸到地面然後潛入地下，在地底下形成塊根過冬。然後到了春天，又會長出新芽再逐漸成長。

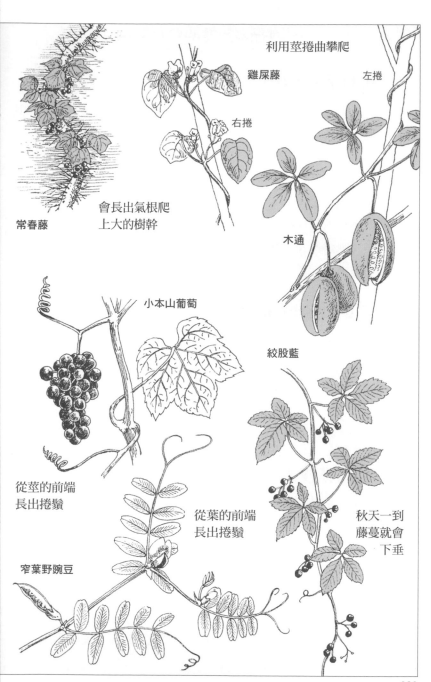

利用莖捲曲攀爬

雞屎藤

左捲

右捲

常春藤

會長出氣根爬
上大的樹幹

木通

小本山葡萄

絞股藍

從莖的前端
長出捲鬚

從葉的前端
長出捲鬚

秋天一到
藤蔓就會
下垂

窄葉野豌豆

槲寄生——根附在其他樹木上生存

可見到槲寄生的樹木

冬天時，抬頭看看葉子落光的樹木，有時會發現茂密的一團東西。那可能是鳥使用過的舊巢，或是胡蜂巢，但也可能是槲寄生。槲寄生多會寄生在山毛櫸、水櫟、朴樹、櫸等落葉闊葉樹之上。它的根會穿進這些宿主的枝幹中，獲得養分與水分，然後利用太陽的能量進行光合作用，過著半寄生的生活。擁有雄株與雌株的槲寄生，在2～3月時雌株會開出淡黃色的小花。然後會在次年的冬季1～2月時，長出約5～10公分的圓形果實。

吃果實的連雀

槲寄生又是如何增生的呢？就算它的果實落到地面上，應該也無法生長才對。種子必須要附著在宿主的枝幹上才行。而幫它完成這件事的，就是冬候鳥中的連雀。連雀一到冬天，會從比日本還北邊的國家成群飛來日本。在樹木果實數量稀少的冬天裡，槲寄生的果實對連雀而言就是非常珍貴的食物了。

出門尋找槲寄生

槲寄生果實的果肉，稠稠地很有黏性。被連雀吃掉的果實成為糞便排出來時，種子與包覆的黏液並沒有被消化，像長長的絲線一般。從連雀肛門藕斷絲連的糞便，至一定長度便會中斷，然後附著在樹枝上。這麼一來槲寄生的種子便能附著在寄生的樹木上了。黏在樹枝上的種子，會用根部捉住樹枝，等春天一到就會冒出新芽成長。1～2月時，拿著望遠鏡外出尋找槲寄生吧。說不定能看見垂掛在樹枝上的連雀糞便哦。

黃連雀（太平鳥）

冠毛

尾巴前端是黃色的。紅色的是朱連雀

排出有黏性的糞便

槲寄生在冬天很容易見到。可以抬頭在樹上找找看

綻放淺黃色的花

雄株　　　　雌株

依賴動物或人類運送的種子

被鳥吃掉後運送的種子

就像槲寄生與連雀一樣，有些鳥與樹木之間也有互利的關係。對於植物來說，它提供鳥類好吃的果肉，換取鳥類為它將種子帶到遠處去。莢迷、日本紫珠、南蛇藤等都是能結出美麗的紅色或紫色果實的植物，它們幾乎都是依靠鳥類或偶爾來吃果實的動物運送種子。然後在不知名的土地，這些種子會隨同糞便一起落在地面上。可是鳥類之中，也有些不會吞食整顆果實而是只吃果肉的，或是把種子咬碎再吃掉的鳥。錫嘴雀、黑頭蠟嘴雀等花雀類，就是會將種子弄碎再一起吃掉。

附著在身體上被運送的種子

自己無法行動的植物，為了繁衍後代所使用的手段，有些真是十分高明。附著後靠別人運送，就是其中之一。遊戲時互相扔擲蒼耳的人就知道，一旦蒼耳黏到衣服上就很難去掉。前端呈鉤狀捲曲的蒼耳、金線草，前端尖銳的鬼針草、牛膝、狼尾草，有細毛的小山螞蝗、羽葉山螞蝗，有黏性的腺梗菜、腺梗豨薟等，都會附著在人的衣服或動物身體上被運送到遠處。這些全部都是種子四周覆蓋有刺的果實。

來收集黏人的果實吧

秋天時，去一趟草原或堤岸，收集這些黏人的果實吧。拿著舊的圍巾或毛衣四處走動，就會沾上很多。因為沾到衣服後要除掉並不容易，所以身上最好穿著像牛仔褲之類比較難附著的衣褲。收集完成後，調查一下同一種果實的數量各有多少，看看它們是用什麼方式附著的，然後再把它們畫下來。

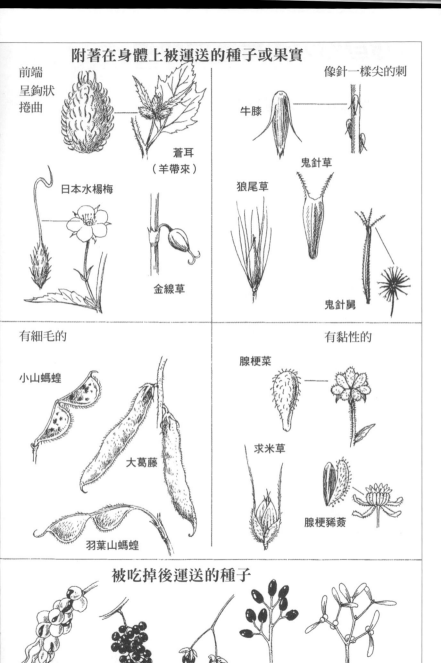

附著在身體上被運送的種子或果實

前端
呈鉤狀
捲曲

蒼耳
（羊帶來）

日本水楊梅

金線草

像針一樣尖的刺

牛膝

鬼針草

狼尾草

鬼針舅

有細毛的

小山螞蝗

大葛藤

羽葉山螞蝗

有黏性的

腺梗菜

求米草

腺梗豨薟

被吃掉後運送的種子

日本辛夷　山葡萄

垂絲衛矛

日本女貞

槲寄生

333

憑藉自然力量旅行的種子

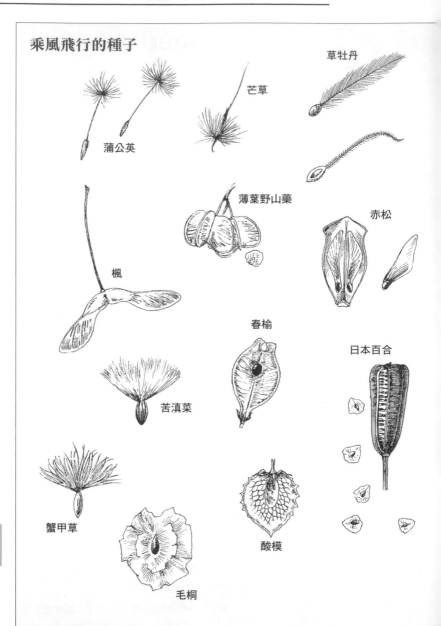

乘風飛行的種子

蒲公英

芒草

草牡丹

薄葉野山藥

楓

赤松

苦滇菜

春榆

日本百合

蟹甲草

酸模

毛桐

藉由風的力量、水的流動，還有本身的彈射能力，種子會到遠處去旅行。落到新土地上的種子之中，有多少在春天會變成青嫩的新芽出現呢？

恌牛兒苗

菫菜

靠自己的力量彈射的種子

野鳳仙花

皮往上捲起，種子飛走

皮縮起來，種子飛走

表皮向內側捲起，種子飛走

靠水流運送的種子

銀柳

肥豬豆

濱萊菔

文殊蘭

胡桃

沿著河岸或海岸生長的植物種子會順著水流，讓水沖上岸邊後發芽

播種培育看看吧

撒下雜草的種子

利用各種方法運送的種子，究竟是如何發芽的呢？把黏在身體帶回來的種子，實際種在土裡，並觀察它們生長的情形吧。種在庭院或盆栽的土壤上時，可以試著用下列各種不同的種植法 ①撒在土壤上 ②挖1公分深後放入種子，再蓋上土 ③挖3～4公分深後放入種子，再蓋上土。最後分別立下清楚的標示，看看發芽時會有什麼不一樣吧。

從調配土壤開始

栽培植物，最重要的就是土壤、肥料和水。第一次利用盆栽種植的人，必須先把土壤調配好。最簡單的方式，就是去園藝店買紅土與腐葉土（或是泥炭土）混合。以紅土多加一點的比例做混合。如果要使用泥炭土，那麼另外再加一些石灰會比較好。土壤分為具有黏性的重土與鬆軟的輕土，此外，土壤的性質則分為酸性、中性與鹼性。不同植物能適應的土壤都不一樣，要種植雜草之前，先調查它原本在自然環境中是生活在什麼樣的土壤裡。至於土壤是有黏性還是鬆軟的，用手觸摸便知道。若要分辨土質是酸性、中性還是鹼性，可以使用右頁的方式來調查。

澆水的方式

如果是在庭院播種，那麼就任它在自然狀態下成長，但利用盆栽種植時，就一定要澆水。在春季至夏季植物生長的期間，要常常澆水避免土壤表面乾燥。至於秋天至冬天，表面有些乾也無所謂。澆水的時間，是早晨與黃昏各1次。用盆栽種植時，要充分給水直到水從盆底的洞穴流出來。

把種子種在花盆裡看看吧

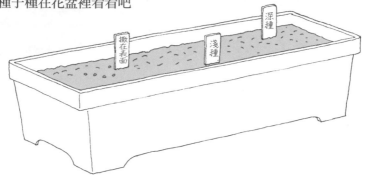

調查土的性質

在杯子裡放入少許的土壤，加點水攪拌混合。放置一段時間後，用石蕊試紙測試

（石蕊試紙在藥房或書局可以買到）

立刻變紅──強酸性
過一會兒變紅──弱酸性
顏色不變──中性或鹼性

澆水　　種在地面的植物，不需要常給水也可以。
若是種在花盆裡的話，夏天早晚各澆水一次，
冬天每日澆水一次

收集橡實與落葉吧

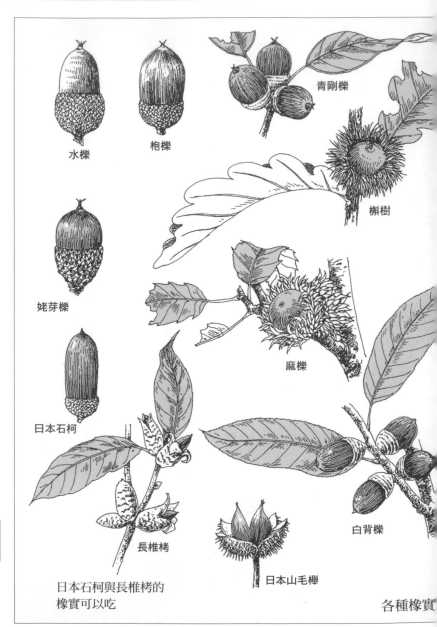

水櫟

枹櫟

青剛櫟

槲樹

姥芽櫟

麻櫟

日本石柯

長椎栲

日本山毛櫸

白背櫟

日本石柯與長椎栲的
橡實可以吃

各種橡實

秋天走在樹林裡，沙沙作響的落葉聲令人心曠神怡。每1片每1片，都是什麼樣的形狀呢？拾起落葉時，應該也能發現橡實吧。兩種都收集看看吧。

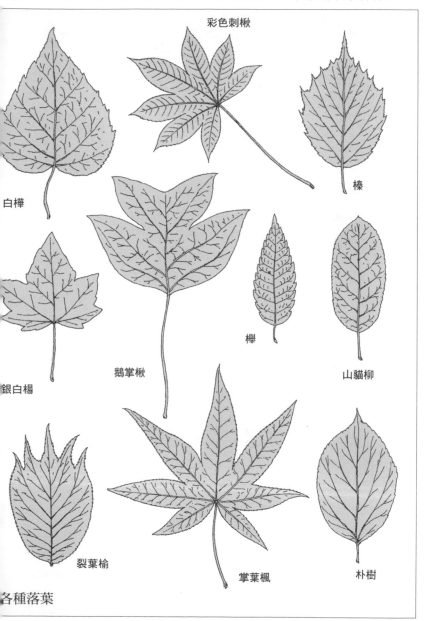

彩色刺楸

榛

白樺

櫸

山貓柳

鵝掌楸

銀白楊

裂葉榆

掌葉楓

朴樹

各種落葉

植物如何越冬

草的越冬

草要度過嚴冬，有以下的方法。

①春天到秋天之間開過花後即枯萎，以種子來越冬。狗尾草、升馬唐、豬草等，這些稱為一年生草本植物。

②在秋天發芽，然後越冬的二年生草本植物。在隔年開完花，結出種子後便枯萎。例如野茼蒿或白頂飛蓬。

③在秋天發芽，然後越冬的多年生草本植物。隔年開完花結成種子，接著又在秋天發芽後越冬，每年都這麼反覆。如蒲公英與春飛蓬。　②③在越冬時葉子都會攤開在地面上，形成能充分照到太陽光的形狀，稱為簇生化。

④不會形成簇生化的多年生草本植物，例如石蒜。秋季開花時沒有葉子，等到花謝了就會長出緞帶狀的葉子，然後度過冬天。

⑤在土地裡留下根或地下莖，而地面上則完全枯萎的多年生草本植物。包括芒草、蘆葦、豬牙花等。

落葉樹的越冬

樹木落葉之後，所有的枝幹都可以看得一清二楚，所以冬天是畫出樹木形狀的好時機。這些樹枝前端冒出來的冬芽，是為了春天發芽而做的準備。樹木種類不同，冬芽的形狀也不一樣。有些像是小葉子一般，有些像是被鱗片包覆著，也有些是被長了細毛的鱗片包覆著。等到春天來臨，它們都會變成葉子。此外，會在早春開花的樹木，除了能見到這樣的冬芽，也能看到會在春天開花的花芽。去看看山茶花、接骨木、大葉釣樟等樹木吧。然後再去看連著冬芽的枝幹形狀，在葉子掉落的地方，應該會有葉痕存在，而不同的樹木也有不一樣的葉痕形狀。這是在人或動物的臉上看不到的哦。

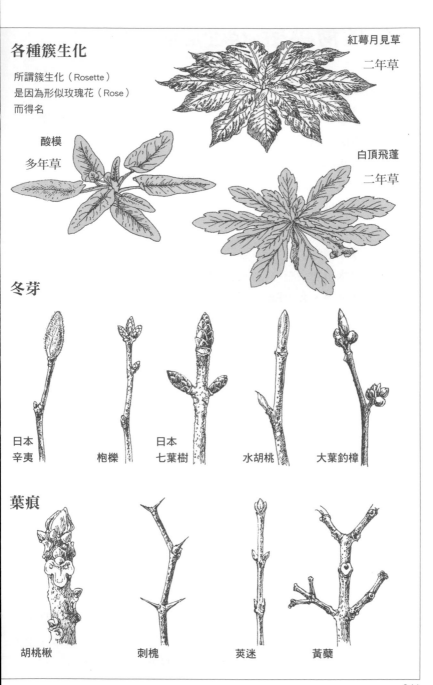

各種簇生化

所謂簇生化（Rosette）
是因為形似玫瑰花（Rose）
而得名

紅萼月見草
二年草

酸模
多年草

白頂飛蓬
二年草

冬芽

日本
辛夷

枹櫟

日本
七葉樹

水胡桃

大葉釣樟

葉痕

胡桃楸

刺槐

莢迷

黃蘗

水生植物——在水中生活的植物

水生植物的種類

在水中生活的植物，就稱為水生植物。我們依水生植物不同的生活，做出以下的區分。

①挺水植物　根附著在水底，莖與葉都伸出水面。蘆葦、香蒲、菱白筍、蓮花等。

②浮葉植物　根附著在水底，葉片浮在水面上。菱、蓴菜、水䕑、睡蓮等。

③漂浮植物　整株植物浮在水面上。水萍、青萍、槐葉萍等。

④沉水植物　整株植物都在水中，從水面上看不見。水王孫、狐尾藻、金魚藻、馬藻、苦草等。

透過水生植物得知水的深淺

這些水生植物生長的地點，與水的深度有關。在池塘、湖泊或沼澤周圍，也就是靠近岸邊的地方，是挺水植物的生長地點。接著隨著水深越深，依序生長著浮葉植物、漂浮植物、沉水植物。也就是說，只要知道水生植物的種類，就能反過來推測水的大概深度。你可以前往住家附近的池塘或沼澤調查看看。距離太遠的地方，就用望遠鏡來觀察。畫下池塘的樣子，並把有同種水生植物的地方畫線連接起來，就可以知道這些地方幾乎是同樣的深度。

冬天會是什麼樣子呢？

夏天常在水面上看到的大量水生植物，到了冬天一樣會消失。挺水植物靠著地下莖越冬，隔年會生出春芽。其它的水生植物無論一年生或是多年生，都是讓冬芽沉入水底越冬。水生植物的種子，會附著在水鳥的羽毛上被帶到其他地方。

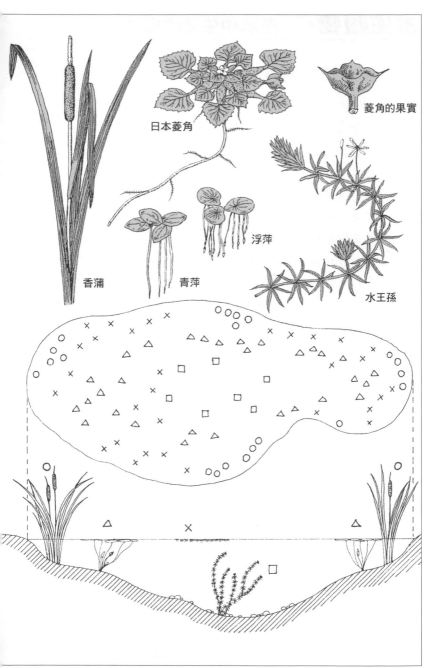

日本菱角

菱角的果實

香蒲

青萍

浮萍

水王孫

343

溼地的植物

溼地的形成方式

所謂溼地，指的是介於陸地與水域的中間地帶。那種地方原本應該是湖泊或池塘，但是隨著時間的推移而淤積泥沙，連枯萎的植物也都囤積於此，使水量越來越少，而形成了溼地。同樣都是溼地，也會因為土壤營養狀態的不同，使得生長的植物種類也有差異。隨著時間的經過，溼地會更進一步形成草原，最後變成森林。湖泊要轉變成森林，必須經過幾千幾百年。日本最有名的溼地是橫跨新潟、群馬、福島三縣的尾瀨之原，不過小型的溼地在平地的沼澤或河川周邊都能看到。找找看，有沒有離你家很近的溼地。

畫出溼地的地圖

儘管稱為溼地，地面的狀態也會因地點而有所不同。調查植物的時候，可以先摸摸地面，確認是潮溼還是有點乾的地面。儘管只是些微的差異，都會讓植物的種類不一樣。植物大多會生長為群落，所以畫出簡單的地形圖，把植物分布的情形標示出來。

來觀察食蟲植物吧

在溼地觀察的主角，就是生態情形很有趣的食蟲植物了。食蟲植物分成 ①分泌具有黏性的黏液來捕捉昆蟲。毛氈苔就是這一類的代表，會從生長在圓形葉子邊緣的腺毛分泌黏液來捕捉蟲子，並從昆蟲身上獲取養分。茅膏菜也是利用黏液捕捉獵物的。其次，則是 ②生長在水中的生物擁有囊袋，可以把昆蟲吸入裡面。也就是南方狸藻或挖耳草。食蟲植物就算沒有捕捉昆蟲一樣能夠存活。因為牠們也能和其他植物一樣進行光合作用，所以捕食昆蟲只是為了補充不足的養分。

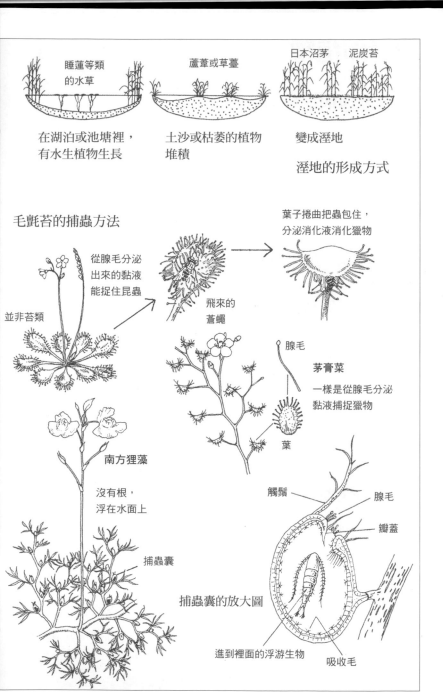

睡蓮等類
的水草

在湖泊或池塘裡，
有水生植物生長

蘆葦或草蓆

土沙或枯萎的植物
堆積

日本沼茅　泥炭苔

變成溼地

溼地的形成方式

毛氈苔的捕蟲方法

並非苔類

從腺毛分泌
出來的黏液
能捉住昆蟲

飛來的
蒼蠅

葉子捲曲把蟲包住，
分泌消化液消化獵物

腺毛

茅膏菜

一樣是從腺毛分泌
黏液捕捉獵物

葉

南方狸藻

沒有根，
浮在水面上

捕蟲囊

觸鬚

腺毛

瓣蓋

捕蟲囊的放大圖

進到裡面的浮游生物

吸收毛

345

海邊的植物

生長在沙灘的植物

　　海岸邊因為日照強烈，所以非常乾燥。儘管有水分，但鹽分也高。而風也不停地吹動沙子。可是即使是這種環境，也還是有植物生長。從海濱一路往陸地的方向走，找看看有哪些植物生長。海浪拍打的岸邊，有被海水打上來的海草與垃圾，這些東西腐爛後會形成豐富的營養。在這種地方，長有無翅豬毛菜等一年生草本。而往陸地的方向走去，就能看見濱旋花、小海米、濱剪刀股等多年生草本的群落了。

根部是什麼狀態呢？

　　沙灘上，植物要扎根似乎不太容易，那麼植物的根又會是什麼狀態呢？利用鏟子挖出來調查看看吧。植物為了對抗沙灘的移動，扎根的方法有二。其一是把根部往更深處延伸，濱防風就是代表性的例子。另一種方式，就是阻止沙灘移動，不停地擴張、再擴張根部的範圍。如濱旋花、濱剪刀股、海米、天蓬草舅等會以延伸地下莖來增生的多數植物。把沙挖開，就可以清楚看見地下莖是如何伸展的。觀察完之後，記得把挖開的沙地還原。

生長在懸崖邊的植物

　　在岩岸的懸崖地方，也可以看得到植物。較靠近海邊的有濱蛇床、疏花佛甲草等一年生草本，和太平洋菊、透百合、萱草等多年生草本，從岩石的裂縫中冒出來。可以的話，觀察看看它們的葉子是長什麼樣子。

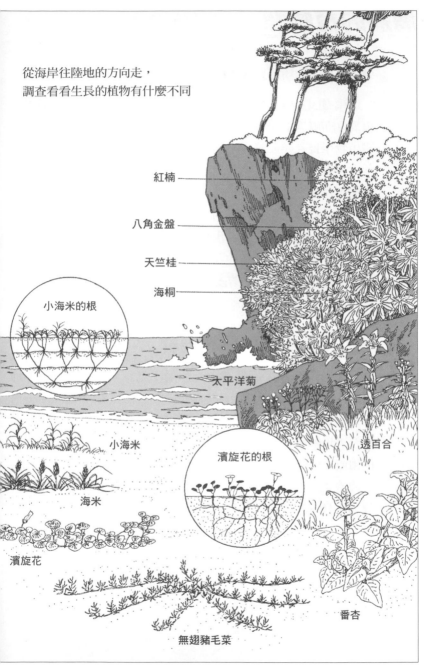

從海岸往陸地的方向走，
調查看看生長的植物有什麼不同

紅楠

八角金盤

天竺桂

海桐

小海米的根

太平洋菊

小海米

海米

濱旋花

濱旋花的根

透百合

無翅豬毛菜

番杏

蕨類與苔蘚類——靠孢子繁殖

來觀察蕨類的葉背吧

仔細看一下蕨類植物的葉背，會發現許多小顆粒附著其上。這些顆粒就是集合了許多孢子的孢子囊群。不同種的蕨類植物，有些會分布在整片葉子上，有些在葉子邊緣，有些在葉子前端，有些在葉子根部。首先，看看孢子囊群位於哪裡，並觀察它們的排列方式吧。接著摘下一顆孢子囊群，除掉外圍的膜，用放大鏡看一看。裡面會有許多的孢子囊，只要空氣變得乾燥，裡面的孢子便會蹦出來。孢子一旦落到地上，就會發芽形成前葉體。呈心形的前葉體是由雌雄器官所組合而成的，約1公分大。在此進行受精後，長出新的蕨株。蕨、紫萁、馬尾草等可以在春季品嚐到的美味山菜，就是蕨類的新芽。

尋找地錢苔與檜葉金髮蘚

苔蘚類或蕨類，都是在陽光照射不到且溼度高的地方才看得到。蕨類的外觀比較接近普通植物外觀，在地表或地下的莖，擁有能獲取養分與水的通道，也就是維管束。而苔蘚類則沒有維管束。可以將苔蘚類的身體與蕨類的前葉體視為相同的東西。要將苔蘚做出分類，其實非常困難。我們來找出地錢苔與檜葉金髮蘚，並用放大鏡仔細看看它們的構造吧。地錢苔擁有雄株與雌株，雌株並有製造孢子的器官——孢蒴。乾燥之後，孢蒴就會裂開讓裡面的孢子彈出來。而檜葉金髮蘚像鐵絲一樣，有又細又長的莖。它的前端有孢蒴，一旦乾燥外蓋就會脫落彈出孢子。苔蘚類與蕨類的孢子都會增生。依靠孢子繁殖的，另外還有蕈類，但蕨類與苔蘚都因為有葉綠素，所以可以進行光合作用。

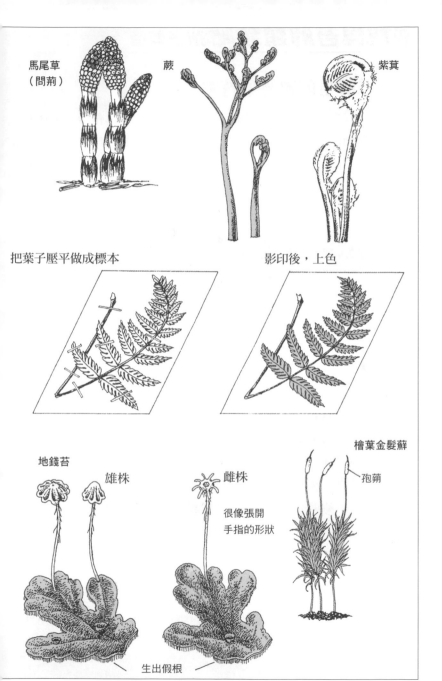

馬尾草
（問荊）

蕨

紫萁

把葉子壓平做成標本

影印後，上色

檜葉金髮蘚

地錢苔

雄株

孢蒴

雌株

很像張開
手指的形狀

生出假根

349

尋找身邊的菌類吧

什麼是菌類？

所謂菌類，指的是沒有葉綠素的植物，通常指黴菌、酵母或蕈類等。因為它們沒有葉綠素，所以無法進行光合作用。於是在無法自行製造養分之下，就要像動物一樣從其他地方獲取養分。菌類分布在空中、水裡、地下等所有的地方，附著在動物或植物的活體或死體上生活。

尋找身邊的菌類

菌類之中，距離我們最接近的，就是黴菌，所以在家裡找找看。蔬菜籃裡、過期麵包、被遺忘在冰箱裡的食物等，都有可能看得到。如果找不到，那麼試著培養黴菌吧。去買即將過期的麵包，把塑膠袋口封好置於常溫之下，或是把起司從冰箱拿出來也可以。無論哪一個，幾天之內都會發霉。到時候用放大鏡仔細觀察黴菌是什麼顏色，呈現什麼樣子的形狀，再聞聞看有什麼氣味吧。

蕈類是子實體，就像樹木的果實一樣

黴菌是由菌絲所構成。細胞就像線一樣連結，彷彿蕾絲一般，然後形成孢子後來增生。我們可以將孢子視為一般植物的種子。孢子發芽，便會形成菌絲。因為那是我們肉眼所無法見到的微觀世界的景象，所以想要看到孢子發芽增生的樣子非常困難。可是依照種類的不同，基於某些條件之下，菌絲也會生成子實體。所謂子實體，就如同一般植物的樹木果實，這就是蕈類。秋天正是樹木結實纍纍的時期，也是蕈類出現的時期，兩者是一樣的。

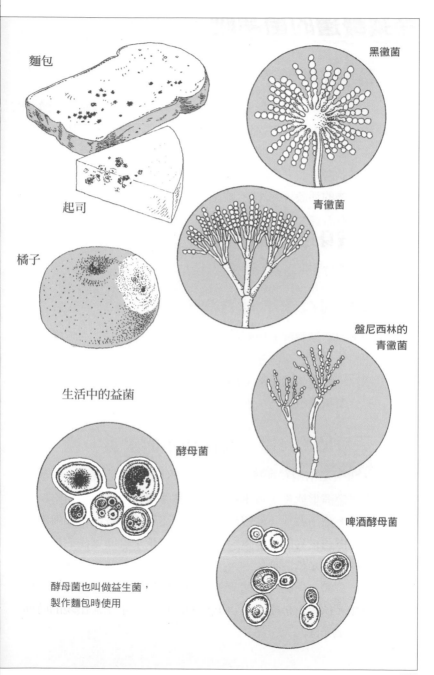

麵包

黑黴菌

起司

青黴菌

橘子

盤尼西林的
青黴菌

生活中的益菌

酵母菌

啤酒酵母菌

酵母菌也叫做益生菌，
製作麵包時使用

351

採集蕈類的孢子紋

擔子菌類與子囊菌類

　　菌類之中會形成蕈類的，是擔子菌類與子囊菌類。其他的則是以菌絲不斷擴大的狀態生存。蕈類，也就是子實體，是為了繁衍後代的器官。雌性與雄性的孢子結合之後，會形成擔子孢子與子囊孢子，然後再擴大新的菌絲。

擔子菌類　幾乎所有的蕈類都屬於這一類。蕈傘的內側有蕈褶，裡面有帶著四個孢子的擔子孢子。

子囊菌類　杯蕈或羊肚菌等屬於這一類。稱為子囊的袋子裡，有帶著八個孢子的子囊孢子。

顏色或紋路不同的孢子紋

　　不同蕈類的孢子顏色也不同。參考右頁的圖，來採集新鮮蕈類的孢子紋吧。從連接莖的地方切除，蕈褶朝下放在紙上。孢子紋的顏色多采多姿，如白、黑、粉紅、褐色、紫褐色等。如果是白色或粉紅色，那麼下面墊上黑色的紙，孢子紋就很明顯了。仔細挑選紙張的顏色，試著做出漂亮的記錄筆記吧。

蕈類的採集與保存

　　蕈類很柔軟，一不小心就很容易弄壞。要摘下蕈類時，先在籃子上鋪一層紙，將蕈類並排在上面。千萬不要直接放進塑膠袋裡綁起來，這樣會使它很快就變顏色。拿回家後，把蕈類與矽膠等乾燥劑一同放入罐子等密閉容器中。記得要多放一點乾燥劑。等1～2天後拿出來，再用吹風機的熱風吹一吹，蕈類的標本就完成了。

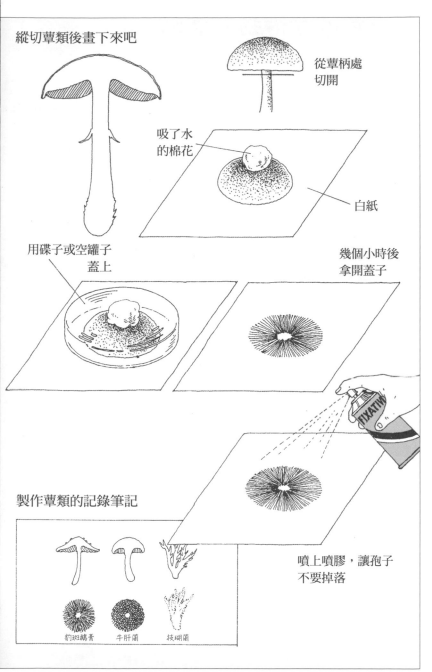

縱切蕈類後畫下來吧

從蕈柄處
切開

吸了水
的棉花

白紙

用碟子或空罐子
蓋上

幾個小時後
拿開蓋子

製作蕈類的記錄筆記

豹斑鵝膏　　牛肝蕈　　枝瑚蕈

噴上噴膠，讓孢子
不要掉落

353

住家附近看得到的蕈類

蕈類生長的地方

發現蕈類的時候，確認它生長在什麼地方，並想想它是從哪裡得到養分的。看起來像是從土裡長出來的松茸、鴻喜菇、紅汁乳菇、豹斑鵝膏等類，其實是從樹木根部長出來的。至於多孔菌科的蕈類，雖然也會附著在活的樹木上，但是大多附著於枯樹的木段上，這一類的蕈類，會讓樹木逐漸腐爛。此外，在落葉上生長的蕈類，以及在堆肥或動物糞便上的蕈類，都靠分解落葉與動物糞便這些東西，得到養分。

整年都看得到蕈類

不只是秋天才能看到蕈類，只要注意一下，一整年都能發現它。春天在庭院、草地或樹林裡可以見到豹斑鵝膏。好像戴著網帽般的蕈類，是子囊菌類的蕈。在海邊的松樹林裡，長著名為紅鬚腹菌的圓形蕈類。在梅雨時節常見的，則是泡質盤菌，通常都出現在旱田或堆積的稻草上。而在此時期，生長在庭院或旱田上非常脆弱的蕈類，是墨汁鬼傘。晚上張開蕈傘，到了白天就變黑溶解了。到了夏天，在庭院或蕈類密集的地方可以找到白鬼筆。秋天是蕈類的季節，而到了冬天還能見到的，就是多孔菌科的蕈類了。

生成一圈的蕈類

從夏季到秋天，能夠在茂盛的土壤上看見硬柄小皮傘。這種蕈類，連接起生長的部分後，會形成輪狀排列。這是因為在地下的菌絲呈放射狀擴散的緣故，因此稱為菌輪。每年每年，輪狀都會越來越大。你可以試著測量並進行確認。

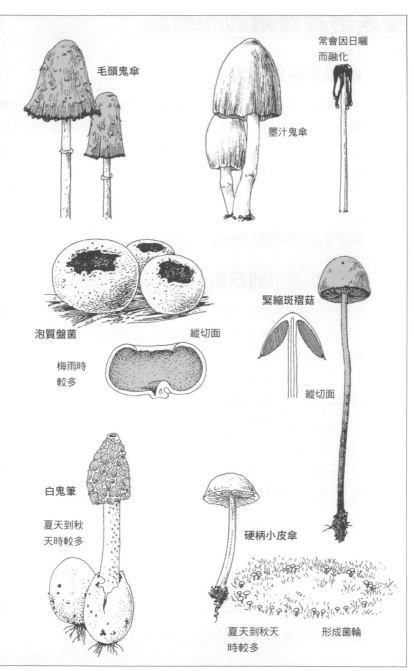

毛頭鬼傘

墨汁鬼傘

常會因日曬
而融化

泡質盤菌

縱切面

梅雨時
較多

緊縮斑褶菇

縱切面

白鬼筆

夏天到秋
天時較多

硬柄小皮傘

夏天到秋天
時較多

形成菌輪

深入了解蕈類

蕈類與樹木的關係

蕈類與樹木之間，有很密切的關係。如果想要更進一步了解蕈類，首先要知道它們與樹木之間的關係。也就是說，想要去找松茸的話，就要去松樹林，想找厚環粘蓋牛肝菌就要去日本落葉松林裡找。蕈類的圖鑑都會詳細說明這些關係，可以找1本這樣的口袋圖鑑，隨身攜帶。

出門去尋找蕈類吧

接著，帶著這本圖鑑出門吧。如果能和熟悉蕈類的人一起同行，那就再好不過了。因為即使是同一種類的蕈類，在顏色、形狀上也會稍微有些不同。所以沒辦法全部都依靠圖鑑裡的照片來辨明。然而圖鑑收錄了許多種類的蕈類，在不了解實際名稱時，還是能派得上很大的用場。

小心毒蕈

要分辨是不是毒蕈的方法，事實上可說是沒有的。在日本30種左右的毒蕈，只能一一問清楚然後記起來。看顏色、聞味道、觸摸，然後咬一點點嚐嚐味道（要吐掉），用身體的感覺去記住。在圖鑑中毒蕈的部分，寫下自己的體驗。

稀有的冬蟲夏草

蕈類之中，也有會寄生在昆蟲體內，然後從昆蟲屍體長出來的蕈類。這種非常稀有的蕈類，稱為冬蟲夏草。如果你看到很像冬蟲夏草的蕈類，就試著小心將它從土壤挖起來看看。如果想要保存的話，可以用乾燥劑來讓它乾燥。

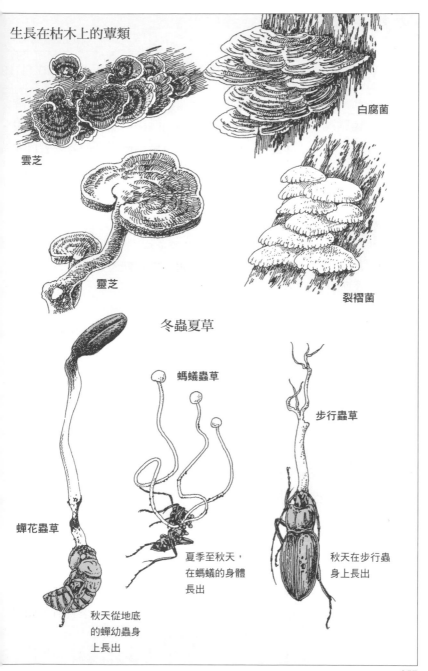

生長在枯木上的蕈類

雲芝

白腐菌

靈芝

裂褶菌

冬蟲夏草

螞蟻蟲草

步行蟲草

蟬花蟲草

夏季至秋天，在螞蟻的身體長出

秋天在步行蟲身上長出

秋天從地底的蟬幼蟲身上長出

357

生物月曆

生 物 名 稱		1	2	3	4	5	6	7	8	9	10	11	12
西洋蒲公英	多年草			◠	―	―	―	―	―	◠			
關東蒲公英	多年草				◠	◠							
紫花菫菜	多年草				◡								
春飛蓬	多年草				◠	◠							
窄葉野豌豆	多年草				◠	◠							
車前草	多年草					◡							
藤	藤蔓植物				◡								
白花三葉草	多年草				◠	◠	◠	◠					
白頂飛蓬	一年草					◠	◠						
木通	藤蔓植物			◡									
王瓜	藤蔓植物							◡	◡				
石蒜	多年草									◡			
芒草	多年草									◡	◡		
一枝黃花	多年草										◡	◡	
八角金盤	常綠灌木											◡	◡

去觀察秋天的植物

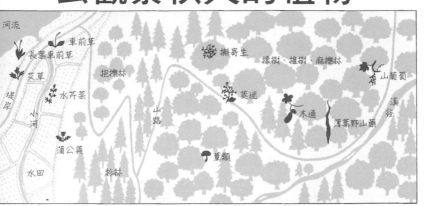

觀察時的用具與服裝（310頁）

田地裡比較潮溼。
而且日照很充足

根很淺

堤岸上雖然
日照也充足，
但是比較乾燥

根會往土的
深處伸展

環境只差一點點，
生長的植物
就不一樣

這麼說，植物的
種類好多哦

艾草
長這麼高呢

看它的根部

顏色好漂亮哦。
是艾草的嫩葉吧

很好吃哦

摘下來吧

依賴動物或人類運送的種子（332頁）

落葉好多

很像地毯吧

那是鳥巢嗎？

是槲寄生。寄生在樹上吸收營養，和樹是不同的植物哦。懂了嗎？

你在幹嘛？

採藤蔓來做飾品

飾品？

是聖誕節要布置的裝飾哦

放上這個紅色的果實，就很漂亮

那是莢迷。可以吃哦

365

尋找自然界的洞穴（224頁

世界上最大的花，大王花

　　花的大小約直徑1至2公尺，被稱為世界上最大的花。名為大王花的這種花，並沒有明確的開花時間，就算開花了也約1星期就凋謝了。我憑著一股想一睹盧山真面目的熱情，前往印尼的史馬特蘭島。我到了大約島中央一個名為普濟汀吉的小鎮，與一名看過大王花的人見了面。我雖然跟著他進了叢林，但在那裡只看到一塊黑色像融化了般的枯萎花朵。於是我在那裡收集了更多的情報，來到離城鎮約2小時車程的薩哥山上。為我帶路的人，是守護史馬特蘭叢林的森林保護官。沒有道路的叢林走起來非常困難，而且還下起了雷陣雨，把我們都淋溼了。可是，彷彿作夢一般，我在森林深處看見了一抹紅色。大王花的5枚花瓣綻放著，直接從地面上開放。它寄生在屬於藤蔓植物的根上，只有花朵從地上冒出來，花瓣的觸感厚實，像一塊硬掉的海綿。旁邊還有像大型黑色的高麗菜一樣，是即將要開花的花苞。

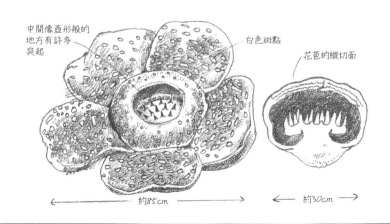

中間像壺形般的地方有許多突起

白色斑點

花苞的縱切面

←——————— 約85cm ———————→

←—— 約30cm ——→

資　料

作為自然觀察的指標生物

指標動物	告訴我們的事情	
白粉蝶 燕子 蟾蜍	春季來臨	看到蹤影的第一天 看到蹤影的第一天 第一次集體鳴叫的那一天
油蟬	夏季來臨	聽見鳴叫的第一天
秋赤蜻 紅頭伯勞	秋季來臨	看到蹤影的第一天 聽見高聲鳴叫的第一天
斑鶇	冬季來臨	看到蹤影的第一天
介殼蟲	大氣汙染	汙染越高數量越多
蟬	是否還留有森林式的環境	因為是森林性的昆蟲，所以如果沒有大型的樹木，是不會居住在該地
黃緣蜾蠃	是否還留有綠色的自然	因為是會捕捉蛾幼蟲的蜂類，所以有許多昆蟲的地方數量才會多
水生昆蟲	河川汙染	根據種類，可以判斷水汙染的程度（參閱268頁）
暮蟬 螻蛄	黎明時	天剛亮時開始鳴叫，暮蟬幾乎不在日間鳴叫
梨片蟋	黃昏時	一到黃昏就開始鳴叫
褐鷹鴞	是否有古老森林	住在有古樹的森林裡，會「吥～嗚，吥～嗚」地鳴叫
麻雀 野鴿	是否有人類居住的城鎮	棲息在離人類居住地很近的鳥
壁虎	該城鎮是不是還留有舊房屋	有許多昆蟲，且有許多躲藏地點的古老木造房屋裡，會有很多
雨蛙	要下雨了	敏銳地感覺到溼度變化後開始鳴叫。命中率很高
鯽魚類　羅漢魚 泥鰍	河川的自然程度	表示河川汙染程度頗高
青鱂魚　鯰魚 拉氏鱥	河川的自然程度	表示河川的環境還算可以
紅點鮭　櫻鱒	河川的自然程度	表示河川非常清澈

生物能比我們人類還要早感覺到季節變化、空氣或河川汙染等。所以我們就從這些生物（指標生物）身上來了解自然的變化吧。

指標植物	告訴我們的事情	
櫻花　日本辛夷 豬牙花	春季來臨	最初開花的日子
合歡 紫薇花	夏季來臨	最初開花的日子
芒草　胡枝子 石蒜	秋季來臨	芒草結穗，以及胡枝子或石蒜開花的日子
八角金盤 山茶花	冬季來臨	八角金盤或山茶花開花的日子
蒲公英	都市化	越多西洋蒲公英的地方就越都市化
車前草	是否有許多人走動	在人車會踐踏的地方成長。硬的地面
行道樹	空氣汙染	從樹枝生長，樹葉茂盛等健康程度，可以得知空氣汙染的程度
樹的彎曲方向與樹枝伸展的方向	風向及 風的強度	銀杏、欅、柿、楊樹、日本落葉松、日本黑松等，容易因風力而偏向生長，樹枝會成為在風吹下搖曳的型態
蘆葦 荻 芒草	土的溼氣	在溼氣很重的地方 在有點溼氣的地方 在有點乾燥的地方
蕨類	土的溼氣	在樹林中，下層的草多為蕨類的地方，代表溼氣較重
水田芥 （西洋菜）	水汙染	為挺水植物，所以會生長在水質乾淨的地方
馬藻	水汙染	是沉水植物，多見於水質有些汙染的河川
水生植物	水深 （參閱342頁）	若為挺水植物則水深0.5～1m 若為浮葉植物則水深1～1.5m 若為沉水植物則水深1.5～2m

為保護生物而制定的法律

華盛頓公約

1973年制定的法律。為保護世界上所有數量稀少、有滅絕之虞的動物或植物，所制定的國與國之間進出口禁止的條約。全名是〈瀕臨絕種野生動植物國際貿易公約〉。這份公約不只針對活生生的動物，包括死後剝製如皮包、皮草等加工品也詳加規範。為了不使世上的動植物滅絕，世界上大量進口寵物及動物加工品的國家，都必須循序漸進地遵守該條約。

華盛頓公約規定的動植物物種（部分列舉）

靈長目 老虎 豹 熊 印度象 非洲象 鱘魚 鯨目 海膽目 藍珊瑚目 象龜 蠵龜 革龜 穿山甲 水獺 樹懶 犰狳 犀牛 河馬 鷲鷹目 鷗鴉目 蜂鳥 天堂鳥 蚺蛇 蘇鐵 蚌殼蕨等

野生動物保育法（台灣）

民國78年6月23日公佈全文45條，民國83年10月29日修正公佈。是我國為了保育野生動物，維護物種多樣性，與自然生態之平衡，所制定的法律。〈野生動物保育法〉包含有棲地的保護與物種的保護兩個層面。由棲地的保護來看，本法訂定的「野生動物棲息環境」與「野生動物保護區」，提供了保護野生動物棲息環境的法源依據，然而在特殊狀況下，仍許可野生動物棲息環境的開發與利用。至於物種的保護，本法規範了有關捕捉、利用、研究、飼養、輸出入野生動物等行為，尤其對保育類物種的管理上，有更加嚴密的規定。

台灣珍貴稀有的動物與植物

台灣黑熊 雲豹 水獺 台灣狐蝠 帝雉 藍腹鷴 朱鸝 蘭嶼角鴞 黃魚鴞 赫氏角鷹 林鵰 褐林鴞 灰林鴞 百步蛇 玳瑁 革龜 綠蠵龜 赤蠵龜 櫻花鉤吻鮭 高身鏟頜魚 寬尾鳳蝶 大紫蛺蝶 珠光鳳蝶 台灣穗花杉 台灣油杉 台灣水青岡 清水圓柏 南湖柳葉菜等

瀕臨絕種野生動植物物種保存法（日本）

日本於1918年制定〈鳥獸保護法〉，把棲息於日本的全部鳥獸都列入限制獵捕的對象，規定如果違反這條法律，攻擊野鳥或野獸，捕捉後進行買賣或收受，就會遭到處罰。1973年制定〈動物保護和管理法〉，明訂「飼養人需盡力確保動物的健康與安全，同時不使所飼養的動物發生危害他人等造成困擾的行為」。1987年制定〈瀕臨絕種野生動植物之讓渡等規範法〉，嚴禁非法從事野生生物交易。到了1992年另定〈瀕臨絕種野生動植物物種保存法〉，目的是為了建立國內外稀有野生動植物保護體系，進而達到確保生物多樣性。

聯邦自然保護法（德國）

德國於1976年制定〈聯邦自然保護法〉，其中有關野生動物保護的條文，明訂於第五章「野生動植物保護、棲息地及群落生境保護」，目的是為了保護野生動植物，使其能維持自然的和歷史形成的多樣性。經過多次修正後，2010年新通過的〈聯邦自然保護法〉，把保障生物多樣性列為自然保護法規的最高目標，用來制衡人類對自然生態系統的威脅與破壞，這也是德國為了保護野生動植物，以及防制入侵物種所做的重要規範。

瀕臨絕種物種法（美國）

美國於1973年頒佈〈瀕臨絕種物種法〉，將瀕危的物種區分為三個等級：瀕臨絕種、受威脅，以及候選物種。該法授權聯邦政府公佈瀕臨絕種物種名錄，名錄內之物種皆禁止獵捕及貿易。美國的法律並且規定，狩獵野生動物需向政府購買狩獵證，這是利用野生動物的資源，來籌資推動保育工作。1983年另外頒定了〈瀕絕及受威脅物種列名及復育優先次序指南〉，提出瀕危物種的提名原則，應以脅迫性、急迫程度，以及經營管理、人為活動限制等作為考量。

台灣的縣市代表植物與動物

縣市名	樹	花	動物
基隆市	楓香	紫薇	老鷹（黑鳶）、黑鯛
台北市	榕樹	杜鵑花	台灣藍鵲
台北縣	樟樹	杜鵑花	
桃園縣	桃樹	桃花	台灣藍鵲
新竹市	黑松	杜鵑花	喜鵲
新竹縣	竹柏	茶花	五色鳥
苗栗縣	樟樹	桂花	喜鵲
台中市	黑板樹	長壽花	白鷺絲
台中縣	榕樹	木棉花	台灣藍鵲
彰化縣	菩提樹	菊花	灰面鵟（灰面鷲鷹）
南投縣	樟樹	梅花	
雲林縣	樟樹	蝴蝶蘭	台灣藍鵲
嘉義市	豔紫荊	豔紫荊	
嘉義縣	台灣欒樹	玉蘭花	藍腹鷴
台南市	鳳凰木	鳳凰花	喜鵲
台南縣	樟樹	桂花	水雉
高雄市	木棉	木棉花	
高雄縣	桃花心木	朱槿	綠繡眼
屏東縣	椰子樹	九重葛（南美紫茉莉）	
宜蘭縣	台灣欒樹	國蘭	
花蓮縣	菩提樹	蓮花	朱鸝
台東縣	樟樹	蝴蝶蘭	
澎湖縣	榕樹	天人菊	澎湖小雲雀、玳瑁石斑
金門縣	木棉	四季蘭	
連江縣	海桐	紅花石蒜	黑嘴端鳳頭燕鷗

台灣的動物園與植物園

園名	面積、物種數	地址、電話
台北市立木柵動物園	面積約182公頃 動物數量約457種3100餘隻	臺北市文山區新光路二段30號 02-29382300
新竹市立動物園	面積約2.7公頃 動物數量約65種300餘隻	新竹市公園路279號 03-5222194
六福村野生動物園	面積約73公頃，亞洲第一座放養式動物園 動物數量約70種1000餘隻	新竹縣關西鎮仁安里拱子溝60號 03-5475665
國立鳳凰谷鳥園	面積約33公頃 動物數量籠養約140種鳥類，野鳥約73種	南投縣鹿谷鄉鳳凰村仁義路1-9號 049-2753100
頑皮世界野生動物園	面積約20公頃，採半開放式觀賞 有300多種可愛動物，200多種兩棲爬蟲類	台南縣學甲鎮頂州里75-25號 06-7810000
高雄市壽山動物園	面積約12公頃 動物數量約80種1300餘隻	高雄市鼓山區萬壽路350號 07-5215187
國立海洋生物博物館	面積約35.81公頃 共分台灣水域館、珊瑚王國館及世界水域館三個展示館	屏東縣車城鄉後灣村後灣路2號 08-8825001
台北植物園	面積約8公頃 植物數量約2000種	台北市南海路53號 02-23039978
福山植物園	面積約409.5公頃，限制入園人數 有127科538種維管束植物	宜蘭縣員山鄉湖西村雙埤路福山1號 03-9228900
嘉義樹木園	面積約9.4公頃 維管束植物數量約62科175種	嘉義市民權路270號 05-2764921
四湖海岸植物園	面積約22公頃 從事育林技術研究、防風林營造及林相改良等研發	雲林縣四湖鄉林厝村中華路62巷80號 05-7720281
扇平森林生態科學園	面積約933公頃，須申請甲種入山證 高等植物658種，蝴蝶139種，蛾類1000餘種，甲蟲類約50科，鳥類134種	高雄縣六龜鄉中興村198號 07-6891648
高雄市熱帶植物園	面積約17公頃 植物數量約500種6萬餘株	高雄市小港區高坪特定區 07-3373321
恆春熱帶植物園	面積約64公頃 16個植物主題展示區	屏東縣恆春鎮墾丁里公園路203號 08-8861157

生物的分類

界	門	綱	目	科	屬	種
動物界	脊椎動物門	哺乳綱	靈長目	人科	人屬 (學名Homo)	智人
			齧齒目	鼠科	姬鼠屬	日本姬鼠
		鳥綱	雀形目	麻雀科	麻雀屬	麻雀
		爬蟲綱	龜鱉目	地龜科	烏龜屬	草龜
		兩棲綱	無尾目	雨蛙科	雨蛙屬	中國雨蛙
		魚綱	胡瓜魚目	香魚科	香魚屬	香魚
	節肢動物門	昆蟲綱	鱗翅目	粉蝶科	白粉蝶屬	白粉蝶
		蛛形綱	蜘蛛目	蠅虎科	蠅虎屬	跳蛛
		軟甲綱	等足目	球鼠婦科	球鼠婦屬	球鼠婦
	環節動物門	多毛綱	葉鬚蟲目	沙蠶科	沙蠶屬	沙蠶
	軟體動物門	腹足綱	中腹足目	田螺科	田螺屬	田螺

目前生物分類以1969年魏泰克（R.H.Whittaker）發表的「五界說」最為普遍。為了能清楚了解這些數量龐大的生物，以系統化分類方式，舉例說明。

界	門	綱	目	科	屬	種
植物界	松柏門	松柏綱	松柏目	柏科	柳杉屬	柳杉
	被子植物門	雙子葉植物綱	毛茛目	木通科	木通屬	三葉木通
			菊目	菊科	蒲公英屬	西洋蒲公英
		單子葉植物綱	禾本目	禾本科	馬唐屬	升馬唐
			香蒲目	香蒲科	香蒲屬	香蒲
	蕨類植物門	真蕨綱	蕨目	鐵線蕨科	鐵線蕨屬	鐵線蕨
真菌界	子囊菌門	盤菌綱	盤菌目	羊肚菌科	羊肚菌屬	羊肚菌
原生生物界	不等鞭毛門	褐藻綱	海帶目	翅藻科	裙帶菜屬	裙帶菜
原核生物界	厚壁菌門	梭菌綱	梭菌目	梭菌科	梭菌屬	肉毒桿菌

索　引

378

381

國家圖書館出版品預行編目(CIP)資料

自然圖鑑：走入大自然的600種動植物觀察術 / 里內藍
文；松岡達英繪；張傑雄譯. — 二版. — 新北市：遠
足文化，2018.07

譯自：自然図鑑：動物‧植物を知るために
ISBN 978-957-8630-35-2
1.動物圖鑑 2.植物圖鑑
385.9　　　　107006339

自然 圖鑑

走入大自然的

600 種動植物觀察術

者｜里內藍　　繪者｜松岡達英　　譯者｜張傑雄　　執行長｜陳蕙慧　　行銷總監｜李逸文
輯顧問｜呂學正、傅新書　　執行編輯｜林復　　責編｜王凱林　　美術編輯｜林敏煌
面設計｜謝捲子　　社長｜郭重興　　發行人兼出版總監｜曾大福　　出版者｜遠足文化事業
份有限公司　　地址｜231新北市新店區民權路108-2號9樓　　電話｜(02)22181417　　傳真
(02)22188057　　電郵｜service@bookrep.com.tw　　郵撥帳號｜19504465　　客服專線｜
800221029　　網址｜http://www.bookrep.com.tw　　法律顧問｜華洋法律事務所　　蘇文生
師　　印製｜成陽印刷股份有限公司　　電話｜(02) 22651491

版一刷　　西元2018年7月
版四刷　　西元2019年11月12日
rinted in Taiwan

特別聲明：有關本書中的言論內容，不代表本公司/出版集團之立場與意見，文責由作者自行承擔

製作野外筆記

選擇可以放入口帶的筆記本。
鉛筆選擇HB至2B的比較好寫，
而且準備2～3枝

寫下自己所感覺的
氣溫或溼度等

年月日　　　　　天氣

1986.5.3　　　　陰天　　　　有點冷

寫出同行人
的名字

地點——
神奈川縣 秦野市 丹澤
13：00 大秦野站集合
　　　　　搭巴士到矢美津峽

時間——
14：00 山路上有動物咬過的橡實

糞便
大概是松鼠
←3cm→

能測量大小的
東西要寫下來

動物的種類、
是一群還是一□
正在做什麼

16:30　河邊有一群日本獼猴
　　　　14～15隻　正在吃樹木的芽
17:30左右　到達位於扎掛的宿舍

數量多少，寫
大概也可以

1986.5.4　　　　晴天
4:30　外面天還是黑的，而且好想睡覺。
　　　　不過還是出門前往可以看到髭羚的地方

毛豎起來　　　　　在養魚場旁邊發現冠魚狗

大概跟鴿子差不多大

大小以平常容□
看見的鳥類當□
準比較

畫下來

白色及黑色的斑紋

有聽見「皮呀滋，皮呀滋」的聲音，大概是鹿

就算看不見身□
影，只要聽見□
音就要記下來

5：20　斜對面有一隻髭羚坐在那裡。
　　　　嘴巴還嚼個不停

筆記的另一面要保留空白，等回家之後
將查詢到的資料補上

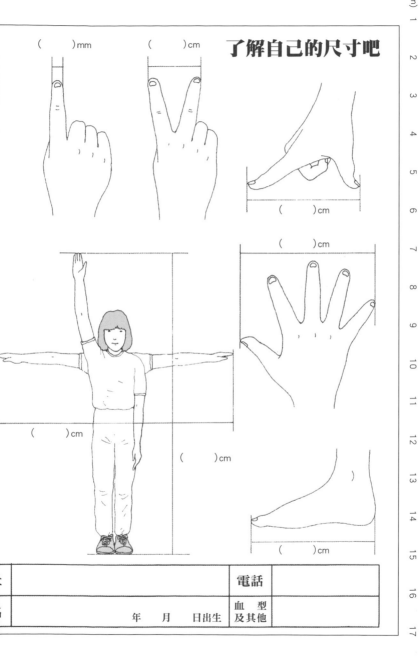

了解自己的尺寸吧

( )mm

( )cm

( )cm

( )cm

( )cm

( )cm

( )cm

( )cm

		電話	
	年 月 日出生	血 型 及其他